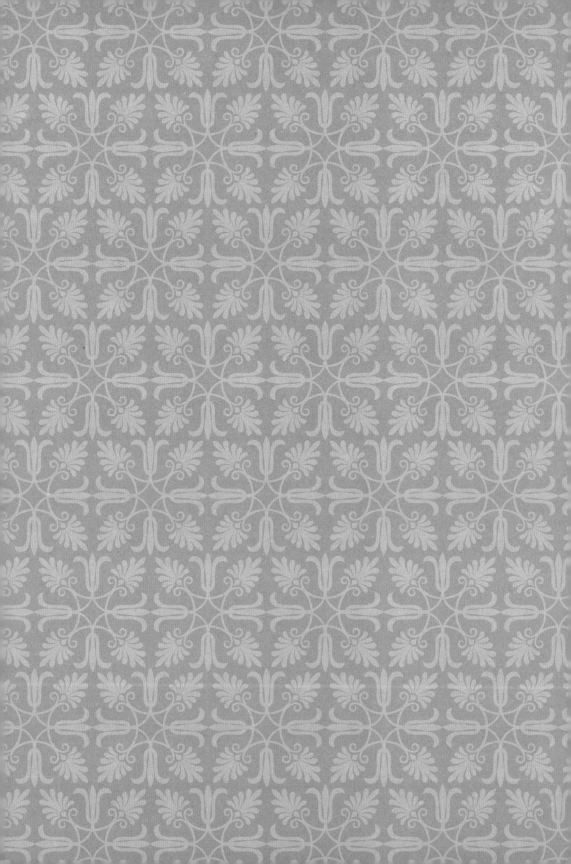

科学原来如此

无处不在的力

王 英◎编著

金盾出版社

内 容 提 要

　　为什么鸡蛋和石头碰撞鸡蛋会碎？为什么有的人跑得慢而有的人跑得快？为什么大腿上的肉用手按一下会凹下去？……这些其实都是力的原因，在生活中，力无所不在。那么，力到底为我们的生活做了一些什么样的贡献呢？翻开本书，你就能知道答案了。

图书在版编目（CIP）数据

无处不在的力/王英编著. — 北京：金盾出版社，2013.9（2019.3 重印）
（科学原来如此）
ISBN 978-7-5082-8479-8

Ⅰ.①无…　　Ⅱ.①王…　　Ⅲ.①力学—少儿读物　　Ⅳ.①O3-49

中国版本图书馆 CIP 数据核字（2013）第 129542 号

金盾出版社出版、总发行

北京太平路 5 号（地铁万寿路站往南）
邮政编码：100036　电话：68214039　83219215
传真：68276683　网址：www.jdcbs.cn
三河市同力彩印有限公司印刷、装订
各地新华书店经销
开本：690×960　1/16　印张：10　字数：200 千字
2019 年 3 月第 1 版第 2 次印刷
印数：8 001～18 000 册　定价：29.80 元

前言

　　每一天，我们都在进行各种各样的活动，走路、吃饭、睡觉……而这每一项活动，都离不开力的存在。生活在这个地球上的每一个人或者每一样东西，都逃离不了万有引力的作用。在我们走路的时候，摩擦力会大显身手，如果没有摩擦力，我们可真是"寸步难行"了；在我们踢球的时候，弹力会发生作用，如果没有弹力，球就会纹丝不动，我们就无法体会到踢球的乐趣了；在盖房子的时候，工人叔叔会用线吊一个重物，这样才能使房子不会偏；在我们玩磁铁的时候，虽然看起来两块磁铁并没有接触，但是它们却很容易就互相吸引或者互相排斥了，这是因为磁铁之间也有相互作用；在我们睡觉的时候，虽然看起来我们什么都没有做，但这时候，我们也会受到重力和床对我们的支持力。就连那些小到连肉眼看不见的分子之间，也会存在引力和斥力，由此可见，力真的是无处不在。

　　那么，什么是力呢？力是物体和物体之间的相互作用，这一点很好理解。比如在和小朋友打架的时候，你打了对方一拳，你自己也会感到痛，这就是因为力的作用是相互的。再有，如果我们穿着轮滑鞋去推墙，我们也会向后退到，就是这个道理。力有三个要素，分别是大小、方向和作用点，如果缺了其中的任何一个，都不可以。也就是说，如果你抡起拳头，打了空气一拳，那就不算是力了。

那什么是力学呢？力学是研究物质机械运动规律的科学。自然界的物质有很多层次，大到宇宙、天体，小到看不见的分子、原子，它们之间的力都是力学研究的对象。怎么样，力学是不是非常神奇呢？

力学的应用非常广泛，在天文学、工程学中，都会用到力学。可见，力学是十分重要的。本书中将所有常见的力"一网打尽"，让小朋友们对我们身边的力和它们的各种应用有更加深刻的理解。接下来，就让我们一起走进这本书，去体验力学的奇妙吧。

目录

CONTENTS

目录

宇宙中无处不在的万有引力

◎智智手里拿着一个苹果。

◎苹果掉在了地上。

◎智智弯腰捡起苹果，想知道苹果为什么会落在地上。

◎妈妈给智智讲万有引力的故事。

什么是万有引力?

其实每两个物体之间,像你与你身旁的桌子,电脑与它所在的电脑桌,长在树上的两个苹果等,都存在着一种相互吸引的力,我们把这种力叫做万有引力。所谓万有,也就是是随处都有的意思。在宇宙中的每一角落,在任意的两个物体之间,都存在着万有引力。

万有引力是两个物体之间存在的力,所以万有引力的大小就与这两个物体有关。在科学家伯伯的努力研究之下,我们终于知道了,影响万

有引力大小的因素有两个：一个是物体的质量；一个是两个物体之间的距离。对于距离相同的两个物体来说，它们的质量越大，它们之间存在的万有引力也就越大。与同样距离的两个人相比，同样距离的两颗星星的质量要大得多，所以星星之间的万有引力就比较大。就拿月亮来说，虽然月亮在星体之中算是小个头，但是它的质量是非常大的。当月球运行到离地球较近的轨道点时，它就会对地球上的江海产生巨大的吸引力，江海受到吸引，就会产生潮汐，非常壮观。著名的钱塘江大潮，每一次潮起潮落都会吸引大量的游客前来观看。

除了质量，距离也是影响引力大小的主要因素之一。对于质量相同的两个物体来说，它们之间的距离越远，它们之间的吸引力就越小。比如两颗星星，当它们距离很近的时候，它们之间的引力是很大的，这样大的引力可能会造成一些奇特的现象。但是如果是这两颗星星的距离变大，它们之间的引力就会越来越小，当距离非常大时，引力就几乎可以忽略不计了。

万有引力是怎样被发现的？

看到这里，也许你们会问：万有引力这个东西，我们又看不到，它是怎么被发现的呢？发现万有引力定律的是著名的科学家牛顿。有一天，牛顿在苹果树下思考天体的运行问题。忽然，一个熟透的苹果从苹

果树上掉了下来。这个苹果不偏不倚，正好砸在了牛顿的头上。牛顿被苹果砸了一下，并没有迁怒于这个苹果，愤怒地把它捡起来扔掉。他揉了揉头之后就开始思考：苹果为什么会从树上掉下来呢？就这样，牛顿发现了万有引力定律。

很多人把万有引力的发现成果归功于那个苹果，但是，世间被苹果砸过脑袋的人千千万万，为何只有牛顿发现了万有引力定律呢？如果牛

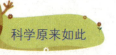

顿没有扎实的基础，没有对问题深入探究的那种精神，他能够发现万有引力定律吗？答案显然是否定的。

在牛顿之前，很多的科学家对万有引力做过细致的研究。在这些人中，比较有名的就是物理学家胡克，天文学家哈雷，还有数学家瑞恩。牛顿也是在前人的基础之上分析与研究，才取得了伟大的成果。牛顿有一句至理名言：我之所以能够看得更远些，是因为我站在巨人的肩膀上。胡克、哈雷与瑞恩无疑就是这些巨人中的三位。

牛顿在发现万有引力定律之后，把这一发现发表在了《自然哲学的数学原理》一书上，在当时引起了极大的反响。这本书能够出版，哈雷有非常大的功劳。

称出地球的重量

在发现万有引力定律之后，牛顿发现，只要计算出地球的万有引力常数，再随便找一个已知质量的物体，再知道地球的直径，就可以推算出地球的质量了。然而，牛顿设计了无数次的实验，都没办法测算出这个具体的数值是多少。因为这个力极其微小，测量起来实在太困难了。让牛顿完全没想到的是，几十年后，一个叫卡文迪许的科学家用一个简单的扭秤实验就测算出了这个常数值。卡文迪许用一个质量大的铁球和一个质量小的铁球分别放在扭秤的两端。扭秤中间用一根韧性很好的钢丝系住，拴在支架上，钢丝上有个小镜子。用激光照射镜子，激光会反射到很远的地方，他标记下了此时激光所在的点。

用两个质量一样的铁球同时分别吸引扭秤上的两个铁球。由于万有引力作用，扭秤会微微偏转，但激光所反射的圆点却移动了较大的距离。他用此计算出了万有引力公式中的常数 g。

在卡文迪许之前，有很多人都想要测出这个值，但是都失败了。之所以很难测试出这个常数值，是因为这个值太小，测量起来太为困难。而卡

文迪许解决问题的思路是，将不易观察的微小变化量，转化为容易观察的显著变化量，再根据显著变化量与微小量的关系算出微小的变化量。所以他把微小的变化用激光放大数倍之后，就成功地测试出了这个常数值。

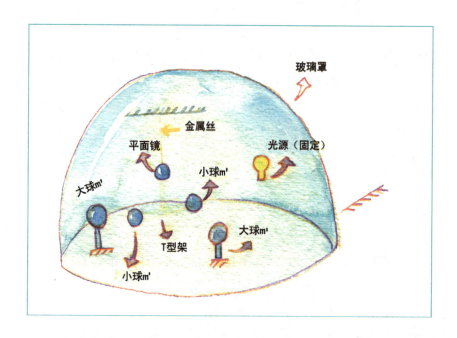

而我们一旦准确测试出这个常数值之后，再通过牛顿的万有引力公式，就很容易得出地球的质量了。

人和人之间有万有引力吗？

我们前面提到过，任意两个物体之间都是相互有引力的。但是在日常生活中，为什么我们没看到谁像铁被磁铁吸引一样，被另一个人吸引过去呢？我们也没看到桌子、凳子和人之间相互吸引呢？为什么我们对这种吸引力一点感觉都没有？

原因很简单，因为对小物体来说引力实在太小了。

举个最简单的例子给大家看：假如两个人相隔两米站着，那么他们之间就是相互吸引着的，只是他们之间的引力特别特别小：对于中等重量的人来说，他们之间的引力只相当于一个十万分之一克的砝码压在天平上的分量。如此小的力，只有实验室里最灵敏的天平才能察觉出来哦！跟我们的脚与地板之间的摩擦力（大致相当于体重的三分之一）相比，简直是小得可怜，所以我们根本就感觉不到。

师生互动

学生：老师，今天我们学了万有引力定律，而且知道了月球的引力是地球的六分之一，那么一个体重60千克的同学周晓晓，在地球上跳高可以跳0.5米，那么他到月球上之后，能跳多高呢？

老师：标准的答案：不一定3米。

学生：这是为什么呢？

老师：既然月球的引力是地球的六分之一，那么他在月球上可以跳高的高度自然就是地球上高度是六倍了，也就是3米了。但是，为什么我们说3米这个答案不一定标准呢？那是因为跳高这个问题，人为的因素太多了，万一周晓晓超常发挥，跳了4米高也不一定哦！

"亦正亦邪" 的摩擦力

◎妈妈骑自行车带着智智出去玩。

◎路过路口，出现红灯，妈妈刹车。

◎智智问妈妈，为什么让车停住，车就能
　停住。

◎妈妈给智智看自行车轮上的花纹。

因为自行车轮胎上的花纹与地面产生的摩擦力啊！

讨厌，又是红灯，妈妈，自行车为什么停下了？

生活中的摩擦力

我们可以想象，如果车轮胎与地面没有摩擦力，或是摩擦力特别小的时候，会是什么情况呢？要么车不能停下来，要么车就很慢很慢才能停下来，该停的时候停不下来。出现这种情况是非常危险的，比如在车辆行驶过程中，前方突然出现了行人，如果无法刹车，或者刹车很慢，就容易出现事故。由此可见，摩擦力在我们的生活中是非常重要的，我们要学会合理正确地使用摩擦力。为什么要这么说呢？因为有些摩擦力是有益的，有些摩擦力是有害的。

在我们的生活中，有很多很多有益的摩擦力，比如：走路时鞋与地面之间的摩擦力；攀岩时手与墙面之间的摩擦力；手拿东西时手与物品之间的摩擦力，等等。也许你们不知道，其实我们在写字的时候，铅笔与纸之间也是有摩擦力的。擦黑板时黑板与刷子之间，停车时车轮与地面之间的这些摩擦力，对我们的生活都是有帮助的，我们就叫它们有益

的摩擦力。相反呢，有些摩擦力对我们生活不但没有帮助，甚至会妨碍我们的生活，那它们就是有害的摩擦力。就比如我们在拉一个笨重的物体的时候，物体与地面的摩擦对我们就没有帮助；坐滑板车时，我们想滑得快一点，这时的摩擦力对我们也是有害的。还有一些运动转动的机器的轴与轴承之间的摩擦力，会损伤轴承，这也是有害的。这些对我们

没有帮助的摩擦力，我们就要想办法来减少。

在生活中我们就要善于增加有益的摩擦力，减少有害的摩擦力。增加有益的摩擦力有两种方法：一是增大两个物体接触面之间的粗糙度，接触面越粗糙，摩擦力就会越大。比如汽车在雨天行驶的时候，路面非常湿滑，有人就会在湿滑处垫些草或是粗沙石。在一些特别的路面，有些车还加有防滑的链条。还是就是用增加物体的压力的方法，要知道，两个物体间压力越大，摩擦力也就越大。我们拿东西时拿不稳，就可以用力一点。刹车时也是一样的，用力踩下刹车，就能增加摩擦力。同样，要减少有害的摩擦力也有很多很多的方法，一样可以用增加或减少两物体的粗糙度以及两接触面之间的压力。

摩擦力在我们生活中也是随处可见，可以大概想象一下，如果这个世界上没有了摩擦力，那所有的人和物都全部因为万有引力作用而被挤到一团去了，这该是一幅多么滑稽的场景呢?

摩擦力的分类

静摩擦

两个互相接触的物体，当它们要发生相对运动（即有相对运动趋势）时，在它们的接触面上会产生一种摩擦，这就是静摩擦。例如，向右边推桌子，在没有推力时，如果没有摩擦力，物体就要向右运动，所以物体有一个向右的运动趋势，这样物体就会受到一个向左的静摩擦力的作用，阻碍它的这种趋势。又如，传递带把货物往上运的过程中，如果没有摩擦，则货物要沿斜面下滑，所以物体有沿斜面下滑的趋势，所以传送带给了货物一个沿斜面向上的静摩擦力的作用，以阻碍货物向下滑的运动趋势。

滑动摩擦

当两个物体间有相对滑动时，物体间产生的摩擦叫滑动摩擦。如桌

子在地上滑动时，桌子和地面间有滑动摩擦；人滑冰时，冰刀和冰面之间有滑动摩擦。

滚动摩擦

物体间发生相对滚动时所产生的摩擦叫滚动摩擦。如"忽拉圈"在地上滚动时产生的摩擦等。

生活中的摩擦力

小朋友，让我们一起来观察一下生活中与我们息息相关的摩擦力吧：

拔河比赛中，对拔河的两队进行受力分析可知，只要所受的拉力小于与地面的最大静摩擦力，就不会被拉动。因此，增大与地面的摩擦力就成了胜负的关键。首先，穿上鞋底有凹凸花纹的鞋子，能够增大摩擦系数，使摩擦力增大；还有就是队员的体重越重，对地面的压力越大，摩擦力也会增大。拔河时用脚使劲蹬地，在短时间内可以对地面产生超过自己体重的压力。也可以人向后仰，借助对方的拉力来增大对地面的压力，等等。其目的都是尽量增大地面对脚底的摩擦力，以夺取比赛的胜利。

我们跑步穿钉鞋，是为了增大接触面的粗糙程度，起到防滑的作用。

体操运动员在手上涂镁粉是为了增大摩擦力，做动作时握杠不能太紧是为了减小摩擦力。

流线型汽车车身和火箭头部造得很光滑都是为了减小火箭与空气的摩擦力。

宇航员在飞船上的一系列动作也都离不开摩擦；当神舟五号由太空返回地面进入大气层时，它与大气层间也的摩擦产生大量的热，所以神舟五号的外壳使用的是一种耐高温的特殊材料。

人走路要利用鞋底与地面间的摩擦力，这个摩擦就是有益的，为了增大摩擦力，鞋底上有凹凸不平的花纹，使接触面粗糙些。

下雪天路滑，刹车时不容易停住，因而发生交通事故，为了减少这类事故的发生，人们在轮胎上弄了凹凸不平的花纹，在下雪时还在马路上撒上灰渣，或在轮胎上安上防滑链，以增大摩擦力，防止车子打滑。

机器工作时，会产生摩擦力，这种摩擦力不但使机器发热，而且使机器磨损、性能下降，减小摩擦力可以在机器上使用润滑剂，使接触面更光滑。

自行车的轮胎是圆形的，这使得在行驶时轮胎与地面间的摩擦为滚动摩擦。

小链接

油罐车后面为什么有一根铁链？

油罐车在公路上行驶的时候总是拖着一根铁链，这也是跟摩擦力有关的。因为行驶时，车子会和空气摩擦产生静电，油也会和金属罐体摩擦产生静电，此外，装油、卸油的过程中也会因反复摩擦而产生静电。如果静电累积到一定程度的话，就很容易引起放电现象，出现电火花，从而引燃或引爆车上的易燃易爆品。所以油罐车拖着一根铁链可以将摩擦产生的静电导入大地，避免运输过程中产生的静电将油引爆，防止发生火灾或爆炸事故。

　　学生：老师，如果没有摩擦力，会有什么好玩的事发生？

　　老师：如果没有摩擦力的话，根据万有引力的公式就可以算出，两个相隔两米的人在一个小时后，会因为万有引力彼此靠近 3 厘米；第二小时再靠近 9 厘米；第三小时再靠近 15 厘米。虽然他们靠近的速度越来越快，但是等这两个人紧紧靠拢也至少需要五个小时时间哦！

原来重力的对我们这么重要啊

◎智智站在草地上。

◎智智用力往上蹦。

◎智智落回地面。

◎智智想：为什么我会落回地面，而不是一直飞向天空呢？

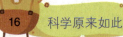

重力的方向

在日常生活中，有很多常见的现象：比如我们身边的河水，它总是从高处往低处流；我们扔出去的东西，最后也会落回地上。洗过的衣服在晾干的时候，我们也会发现水是落到地上的。那你们有没有想过，这是为什么呢？其实，这就是因为受到了重力的作用。

那么，重力的方向是指向哪里的呢？

　　如果我们用心观察，就会发现，建筑工人在盖房子的时候，会吊一个铅垂线，那这根线是做什么用的呢？如果我们再仔细看看，就会发现，工人们在建房子的时候，会沿着这根线来建造。也就是说，有了这根线，可以让房子盖得不会像"比萨斜塔"那样歪歪的。这是什么道理呢？因为，重力的方向是竖直向下的。如果沿着铅垂线盖房子，就会与地面垂直。

　　也许有人又要问了，我们是在北极，我们的重力是竖直向下的。那比如处在南半球的阿根廷人，他们受到的重力又是朝什么方向的呢？其实，他们受到的重力，也是竖直向下的。

重力加速度

　　根据牛顿提出的定律，加速度等于力除以质量。那么，既然有重力，就一定有重力加速度。在物理上，重力加速度有一个专门的符号：

g。g是表示地面附近物体受到地球引力作用，在真空中下落的加速度。为了计算的方便，g的近似标准值通常用980厘米/秒² 或9.8米/秒² 来表示。如果要表示在月球、其他的行星或者在星体表面附近物体的下落加速度，就可以用月球重力加速度、某行星或星体重力加速度来表示。

重力加速度g的方向绝对是竖直向下的。只要在同样的地方并且同样的高度，无论什么物体，它们的重力加速度都是一样的。但是，重力加速度并不是一成不变的，它会随海拔的变化而变化。当海拔越高的时

候，重力加速度就越小。如果一个物体离地面的高度要远远比地球的半径小时，那么g就变化很小。当离地面高度越大，重力加速度g的数值就会明显变小，所以，这个时候不能认为g是一个常数。

尽管离地面的高度一样，但纬度越高，重力加速度也会越大。这是因为重力是万有引力的一个分力，而万有引力的另一个分力给物体提供

了围绕地轴做圆周运动所必备的向心力。当一个物体处于纬度越高的地理位置时，所需要的圆周运动轨道半径就越小，需要的向心力也变小，那么重力就会变大，导致重力加速度也增大。在地理上，南北两极地区的圆周运动轨道半径是0，所需要的向心力也是0，这时，重力与万有引力相等，当两者相等的时候，重力加速度达到最大值。

失重和超重

在日常生活中，我们总是能轻易接触到各种超重、失重的现象，当人身处竖直电梯中，电梯加速上升的过程中可以感觉到电梯底板对脚底的压力逐渐增大，这就是超重现象，当人乘坐公共汽车，汽车在坡道上加速斜向下行驶时，人体内部的器官会"上浮"，这就是失重现象。

超重和失重的原理更是广泛地应用到建筑行业中，设计者为减轻桥梁受到汽车带来的压力，会将桥梁设计成凸型，在汽车经过桥梁时使汽车拥有一个向下的加速度，从而减轻桥梁压力。同样的道理，当汽车经过凹陷的路面时会受到竖直向上的加速度出现超重现象，这使得轮胎经常因为内部压力过大而出现爆胎现象。

大家都知道地球上的物体时刻受到地球的重力作用，因此通过现代技术制成的滚珠不会呈现绝对的球状，这也是工业生产中轴承经常磨损的重要原因之一。身处太空的宇宙飞船处于完全失重状态，因此在飞船上可以制出绝对球状的滚珠。

超重和失重是重力学中两个相反的概念，接下来我们共同探讨一下这两者的相同点和不同点。

我们假定一个物体的质量为 m，它以加速度为 a 做竖直向上运动，在这样的运动状态中物体对水平面的压力 N 大于本身的重量，在数值上等于 m（a＋g），这种现象就称之为超重现象，也可以说物体超重 ma。

同样的道理，当这个物体以加速度 a 竖直向下运动，压力 N 就小于物体本身重力，在数值上等于 m（g－a），这种现象称之为失重现象，也可以说物体失重 ma。在失重的诸多情况中存在着完全失重，即物体做自由落体运动，数值上 a＝g。

　　用围绕地球做匀速圆周运动的飞船中的物体来举例，由于物体竖直向下的加速度 a 就是飞船所在高度的重力加速度 g，因此物体对飞船底部的压力为零，此时的物体处于完全失重状态。

　　在生活中最容易感觉到超重失重现象的就是乘坐电梯的过程，当电梯上升时，我们和电梯有同一个竖直向上的加速度，这时我们处在超重状态，当电梯下降时，我们和电梯有同一个竖直向下的加速度，这时我们处在失重状态，当遇到电梯损坏的情况，我们将和电梯一起向下做自由落体运动，此时我们处在完全失重状态，当然，超重和失重状态我们可以

去尝试，完全失重状态也是可以达到的。而在太空中，宇航员们就处于完全失重状态。我们可以看到，在太空中的人走路的时候好像在飞。

 小链接

重力由什么决定

重力的大小和方向是由万有引力定律决定的。我们生活的地球是个椭球体，赤道距离地心较远，两极离地心较近，随着维度增加引力也逐渐增大，同时由于地球不断自转，一切物体都会受到惯性离心力，重力是上述两种力的合力，重力方向则可以通过铅垂线来确定。

 师生互动

学生：物体受到地球吸引产生的力叫做重力，这样理解重力的定义对吗？

老师：这样定义重力并没有错，但是你要注意重力是由地球的吸引而产生的，但不能将地球吸引力和重力等同。

学生：重力不就是万有引力吗？

老师：你这样的理解是错误的，由于地球是一个椭球体，因此仅在两极物体受到的重力会等同于物体受到的万有引力，在其他纬度则有所不同，这里涉及重力的组成问题，重力是引力和惯性离心力的合力，仅在两极位置可以将万有引力等价于重力。

弹力是怎么产生的啊

◎智智和小朋友们在玩足球。
◎智智踢了足球一脚。
◎足球向远处飞去。
◎足球落到地上后又弹起来。

小朋友们，快去追足球啊！

什么是弹力

    足球落到地上为什么会弹起来呢？这是因为，足球在和地面接触的时候，形状会发生变化。一个东西在受外力后，物体本身发生的变化叫做形变。若外力作用突然停止，物体又恢复原状，则这种现象被称为弹性形变。这种能恢复原状的物体和能让它产生形变的物体之间会发生一种相互作用，这就叫做弹力。所以，弹力就是物体之间相互施力，且在一定的弹度范围内使物体发生形态上的变化的力。

平时我们打球、提水、推门等一系列的活动，都是两个物体间形成了力，这种力只有在物体与物体碰撞在一起时才有，我们称它为接触力。当然，有了摩擦力和弹力才能引起接触力。仔细分析摩擦力与弹力你就会发现，真正引导它们的是一个叫做电磁力的东西。

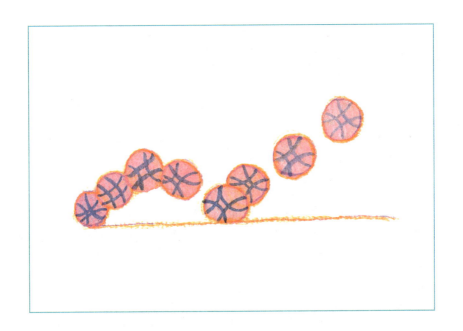

两个物体间相互接触，它们之间并不一定存在弹力，虽然弹力名义上是属于接触力，但只是针对个别物体间，而不是全部。什么时候能把接触力归为弹力呢？那就是物体与物体之间相互接触同时也要相互作用的时候。

若一个物体与另一个物体接触，且发生形变，那么这就叫做弹力。压力、支持力、属于弹力，它们对物体的形变造成作用，总是将力施于被压物体。拉力也属于弹力，它的方向总是与物体形变的方向相反，比如你用一根绳去拉一个物体，拉力便会作用于你拉的相反方向。

弹簧受力发生变化可用公式：$F = -kx$（或 $\triangle F = -k \triangle x$）表示。k 为劲度系数（也可叫做倔强系数或弹性系数），物体的材质决定了 k 值，它的单位是牛顿每米，符号是 N/m。著名的胡克定律就是英国科学家胡克经过反复观察实验才提出来的。他发现，不同大小、不同材质的弹簧，它们的劲度系数是不一样的。就如表达式里所说的一样，负值 k 代表的是物体间弹力与其伸长或压缩的方向是相反的。

弹力的产生和方向

说到这里，弹力的产生得满足什么条件呢？一般来说，要满足以下几个条件：

1. 物体与物体相互接触作用。

2. 物体发生形态变化，包括肉眼察觉不到的变化。

注意：只要物体与物体间发生了相互作用力形成了形变，就必定会有弹力产生。当然，弹力是有个度的，一旦作用力超出形变的范围，弹力就会消失。

举例：石块 Q 放在凳子上，对石块 Q 施加推力，则石块 Q 会对凳子造成挤压，发生形变，这就是 Q 与凳子间的弹力作用。

弹力的方向有几种，它与物体发生的形态变化的方向是相反的，例如：

1. 弹簧受挤压，向挤压的相反方向运动。

2. 由上提到的压力与支持力的方向；还有点面之间接触力的方向。

3. 一根木棍的两端受力，中间不受力，弹力沿木棍的方向运动。但不是所有杆件受力都是如此，要逐个分析。

4. 它运动的方向是受外力和运动状态控制的。

在一定的限度内，弹力大小跟随形变大小发生变化，形变越大，弹力越大；形变越小直至消失，弹力也变小直至消失。将一个物体拉伸

后，它被拉伸得越长，弹力也就越大，缩短则反之，这就叫做拉伸形变。还有弯曲形变与扭曲形变，都是物体受力越大，弹力就越大。当然，任何事情都有限度，要是力量太大，超过了一定限度，这些物体就无法恢复原状了。

弹力的性质和测量

弹力的性质就是分子间的作用力。当物体出现运动时，必会发生拉伸或压缩运动，这就导致物质中的分子间距发生变化，从而形成弹力。这些都是由分子间的引力和斥力造成的，分子间距越大，即弹力越大，间距越小，即弹力越小。当分子的间距被拉伸得超过范围，则会使分子们分开，进入另一个稳定的位置，就算外力消除，也不会回到原位，物体的形态也就永远的发生改变。

力学上常用弹簧测力计来测量力的大小。它的主要组成有弹簧、挂钩、刻度盘、指针、外壳和吊环（可忽略不计）。

任何测量都是将某一个物理量与标准（即单位）比较的过程，力的测量就是将力的作用效果与已知力的作用效果比较的过程。如果一个力的作用效果与 1 牛力的作用效果相同，那么这个力的大小就是 1 牛。弹簧的伸长与所受力的大小成正比，在确定 1 牛力的作用效果以后，容易确定更大的力和更小的力的作用效果。另外，弹簧的稳定性较好，可以重复使用。故可以运用弹簧测力计测量力的大小。

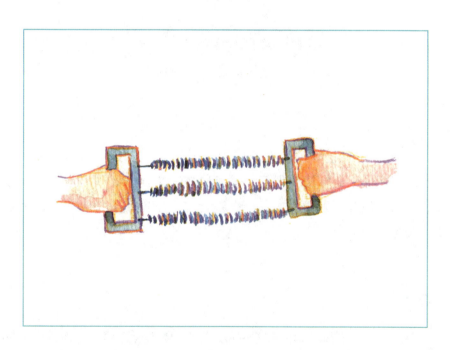

用弹簧测力计测力时，测量原理或者说公式是：在弹性限度内，弹簧的伸长量与所受的拉力成正比，为 $F = kx$。F 为弹力的大小也就是拉力，k 为弹簧的劲度系数，单位是牛顿每米，单位的符号是 N/m，x 为弹簧伸长或缩短的长度。

小链接

弹力的本质

　　弹力的本质是分子间的作用力。当物体被拉伸或压缩时，分子间的距离便会发生变化，使分子间的相对位置拉开或靠拢，这样，分子间的引力与斥力就不会平衡，出现相吸或相斥的倾向，而这些分子间的吸引或排斥的总效果，就是宏观上观察到的弹力。如果外力太大，分子间的距离被拉开得太多，分子就会滑进另一个稳定的位置，即使外力除去后，也不能再回到原位，就会保留永久的变形。这便是弹力的本质。

师生互动

　　学生：老师，按照那个公式，$F = kx$，是不是把弹簧拉得越长，它的弹力就越大呢？

　　老师：当然不是，什么都是有个限度的啊，比如让你吃一个苹果，你会觉得很可口，但是让你一口气吃下十个苹果，你肯定就受不了了。弹簧也是这样，在一定的范围内，它受到的力越大，伸长得就越长。但是超过一定范围，它就没法变回原来的样子了。

强大的大气压强

◎ 智智手里拿着一个气球。

◎ 智智一不小心松了手，气球飞走了。

◎ 智智跳起来去够气球，但是气球还是越飞越高。

◎ 智智看着飘远的气球，有点舍不得。

哎呀，气球飞走了，怎么办啊!

大气压及其变化

小朋友们都玩过气球，有时候一不小心，气球就飞走了。在看着它离我们越飞越远的时候，你们有没有想过，这个气球，最后会飞去哪里呢？它可能会被吹到很远的地方，也可能会自己破掉。这是为什么呢？原因就在这一节讲的大气压强里。

在地球外圈，有大量的空气包围着地球，我们将这些空气称为大气

层。空气能不受束缚地自由流动，但在地球上空气同样受到重力，因此空气内部存在着方向各异的压强，我们将这种压强称为大气压。

大气压又名"大气压强"，这是一种重要的气象要素。大气压是由大量气体分子相互碰撞产生的，大气压强的大小和温度、高度等诸多条件有关。在一般的认识中，大气压强随着高度的增大而逐渐减小。在竖直方向上，高处的大气压比低处的大气压小。在水平方向，大气压的大小差异能引发空气流动。

标准大气压是压强的一种单位，在科学定义上，1.013×10^5 帕斯卡或 760mm 高的水银柱（汞柱）产生的压强，即是 1 标准大气压，简称为大气压。

标准大气压值随着科技的发展几经变化，最初的定义中，标准大气压是在摄氏温度为 0℃，在 45°纬度，天气环境为晴天的海平面上的大气压强，数值近似于 760mm 汞柱产生的压强。随着科学技术的发展，科学家发展这种条件下的大气压与环境中的温度、风力等条件有关，因

此定义 760mm 汞柱高为标准大气压值，在随后的科学研究中科学家发现汞的密度会随着温度变化而变化，地球 g 值大小也会随纬度变化而变化，因此在 1954 年召开的第十届国际计量大会上确定了标准大气压值为 101325 帕斯卡（Pa），即 101325 牛顿/米^2。

大气压产生的原因

组成大气层的气体有氧气、水蒸气、氮气、氦、氖、氩等，大气层总厚度达 1000 千米，上疏下密地包围着地球，因此在存在于大气层内的所有物体都会受到大气层给予的大气压。

至于大气压产生的原因，从不同角度有多种解释。

第一种：空气具有流动性，在受到重力作用时向各个方向产生压强。具体来说，因为地球对大气有吸引作用，造成大气挤压地面的情况出现，同时地面或者地面上的物体对大气产生支持作用。在这个过程中，地面和地面上的物体受到大气压力的作用，而大气压强就是单位面积上地面所受到的大气压力。

第二种：从分子运动角度来看，气体是由大量分子组成的，这些做无规则运动的分子会对空气中的物体产生不断的碰撞作用，每次撞击空气分子都会对物体表面形成一个冲击力，大量分子的持续作用在宏观上就表现为大气对物体表面的压力，也形成了大气压。相同时间内，空气分子对单位面积的物体表面产生冲击作用的数量越多，因此产生的压强也越大。分子运动理论子在一定程度上解释了不均匀分布的大气层能造成大气压上低下高的现象。

有关大气压强的实验

托里拆利实验

1643 年意大利科学家托里拆利在一次实验中推断出大气压强相当于 760mm 汞柱产生的压强，他发现在一根长为 80 厘米的细玻璃管中注满汞液后，将试管倒置在盛有汞液的水槽中，此时试管中的汞液仅下降了约 4 厘米。在后来的科学实验中，人们准确的计算出标准大气压为 $1.013 \times 10^5 Pa$。由于当时的通讯系统发展并不完善，法国和意大利科学家们对大气压的研究并未流传至全球其余地方，所以德国对大气压的研究在当时是独立进行的。1654 年，德国科学家奥拓格里克用马德保半球实验有力地验证了大气压强存在的理论，在他对大气压做了无数次实验后才听说 11 年前托里拆利已经测出了大气压的值。

托里拆利在实验中得出标准大气压的计算公式，即 1 个标准大气压 = 汞的密度×重力加速度（g）×760 毫米（g = 9.8N/kg）= 汞的密度×重力加速度（g）×0.76 米汞柱 = $13.6 \times 10^3 kg/m^3 \times 9.8N/kg \times 0.76m$

$\approx 1.013 \times 10^5 Pa =$ 水的密度 × 重力加速度 × 水柱高度 = $1.0 \times 10^3 kg/m^3$ ×9.8N/kg×水柱高度，得出水柱高度约为 10.33673469 米。

那么，如何解释试管中的水银柱会停留在固定的高度呢？身为托里拆利的合作者的维瓦尼认为，水银柱的重力和大气压对外围水银的压力相等，因此水银柱保持一个稳定高度。

法国数学家帕斯卡在得知托里拆利的实验中试管出现了真空状态，特地在山脚和山顶做了相同的实验，通过实验他发现海拔高度能影响大气压强。

马德堡半球实验

奥托格里克原本是德国马德保市的市长，在托里拆利实验的成果传开后，他也放下工作做起了有关大气压的实验。在实验中，他将两个直径 20 厘米的半球拼接起来，在抽空了铁球中的空气后两个半球紧密的黏在一起，即使两个大汉用扣在半球上的绳子向外拉也不能分开两个半球。奥拓格里克甚至驱赶来两匹健壮的马匹来拉绳子，直到马匹数量达到 16 匹后才成功分开两个半球。

通过托里拆利的计算公式，我们每时每刻都在承受约为 2 万千克的压力，但是由于我们的身体中存在着空气，并非处于真空状态，所以我们才能正常的生活生产，而不用担心被大气"压死"

小链接

大气压的应用实例

在我们的生活中，大气压有很多实际应用，常见的有：一是离心式水泵。水泵启动前需要往水泵内注水，以此排除多余的空气，水泵启动时，电动机带动叶轮使之高速旋转，由此带动水泵内的水旋转，这时叶轮周围压强减小，大气压压迫低处的水沿着水管进入水泵中，形成一个水和空气的循环；二是活塞式抽水机。通过活塞的移动排除空气，使得抽水机内部的气压低于外界大气压，水在大气作用下从低处被抽到高处。

师生互动

学生：老师，在托里拆利实验中，玻璃管倾斜是否会影响实验结果呢？

老师：在这个实验中，水银柱的高度具体指的是玻璃管管内、外水银面在竖直方向上的高度差，不是指管玻璃管倾斜时水银柱的长度，因此只要实验读数测量正确，玻璃管倾斜与否并不影响结果。

空气阻力

◎大风天气，妈妈骑自行车带着智智去
　上学。
◎路边的小树被大风吹弯了。
◎妈妈骑着自行车艰难前行。
◎智智的帽子被风吹走。

哎，我的新帽子被吹走了，好可惜。

空气阻力与什么有关

很多小朋友在骑自行车的时候，都会有这样的感觉：在顺风的时候，骑车非常轻松，几乎不用费什么力气，就能骑得非常快。但是在逆风的时候，骑车就变成了一件非常困难的事情。就算费很大的劲，也可能寸步难行，这是为什么呢？因为空气也是有阻力的。

"谁控制好空气，谁就能赢得比赛！"这是一句流传在赛车界的名

言，在追求速度的赛车比赛中，完美控制好空气是获得比赛胜利的基本条件。那么，这是什么原因呢？在赛车时，大多数赛车的时速都达到了300km/h，此时空气能对赛车速度产生巨大影响。把握空气动力需要做到两点，一是减少空气阻力，二是增大赛车所受的下压力。顾名思义，空气阻力就是空气对运动在空气中的物体产生的阻碍作用，也可以认为运动的物体受到空气的弹力后产生空气阻力。空气阻力的减小能让赛车的速度变快。

　　飞机、船舶、汽车等交通工具在移动过程中，运动前方的空气被压缩，物体两侧与空气发生摩擦，尾部空间出现部分真空，这些作用都引起阻力。逆风运动的物体在考虑过程中还要将风力大小考虑在内，而空气阻力的大小则和物体的运动速度，物体表面积等诸多因素有关。

减少空气阻力的方法

新型涂料法

为运动物体受到的空气阻力，美国芝加哥一家公司研发了一种能减少空气阻力的物体涂料。这种涂在物体表面的涂料能在物体表面上形成严密的涂膜，如果用显微镜观察可以发现涂膜的排列形状是鱼鳞状。将

这种新型涂料涂在火车、飞机、汽车等交通工具的表面后能减少交通工具行驶中所受到的空气阻力。根据生物学的知识，完全光滑的表面在气流或者水流中并非最佳选择，例如，在水中能快速游动的鲨鱼的表面就有着大量细微颗粒，这种表面相比光滑表面更符合空气动力的原理，因此，研究员们仍在不断的研发这种"粗糙"材料，争取更大程度的减少空气阻力。

汽车加装尾翼法

同样以赛车为例，在汽车的尾部装上尾翼能有效地减少车辆在高速行驶中受到的空气阻力，同时也减少了燃料的消耗。对行驶中的汽车进行受力分析可以发现汽车受到的空气阻力主要表现在侧向、纵向和垂直方向上。

根据研究，一辆时速 80 公里的汽车在行驶过程中，百分之六十的油被用来克服纵向的空气阻力，因此人们制造了能有效减少汽车在高速行驶中受到阻力的尾翼。尾翼的作用是使得空气对运动的汽车产生地面附着力，这也是空气对汽车的第四种力。地面附着力能帮助汽车抵消部分升力，减少汽车所受到的风阻，提高汽车行驶的稳定性，因此尾翼需要根据实际情况来设计制造，过大或过小的尾翼不仅不能减小阻力反而会增大汽车所受阻力。

空气阻力的应用——降落伞

降落伞是一种利用空气阻力使物体从空中下落到地面的工具，广泛应用于跳伞运动、物资空投、航空航天人员降落等领域。用于缩短飞机滑行距离的阻力伞也属于降落伞类别，降落伞按照用途可以分为物用降落伞和人用降落伞，前者有回收伞、投物伞等分类，后者可分为运动伞、备用伞、伞兵伞等。

在《史记》中有这样的记载，舜通过两个斗笠从着火的仓廪跳下，安全达到地面，说明早在舜的时代人们就已经有利用空气阻力减少物体从空中下落的速度的意识。在 12 世纪，我国有人曾利用两把伞从高塔上"跳伞"，14 世纪，中国杂技艺人就已经开始表演跳伞杂技，降落伞的雏形则出现在 15 世纪，意大利艺术家达·芬奇画了一副有关角锥形降落伞的模型图。随着气球的出现，降落伞的发展走上了新的阶段。1783 年，法国人 L. S. 勒诺芒发明了带刚性骨架的降落伞，1797 年，同样身为法国人的 A.J. 加尔纳兰利用降落伞成功在气球上跳伞。在 20 世纪初期，一些欧美国家发明了可折叠且能通过跳伞员手动打开的降落伞，1912 年，美国人 A. 贝利创造了从飞机上跳伞成功的首例。降落伞的最初用途是用于航空气球救生领域，在 20 世纪 60 年代则用于航天员救生领域。

降落伞的基本结构是伞衣、伞绳、伞包、引导伞、开伞设备等。其中，伞衣的作用是产生空气阻力，伞绳的作用是连接伞衣和背带，伞包的作用是储存降落伞的其他结构，引导伞的作用是使得伞衣成功张开，开伞设备则用于封锁或打开伞包。现代降落伞在制造过程中大量采用重量轻、强度大的化学纤维，仅在部分位置使用金属部件。物用伞的伞衣面积在几平方米和 90 平方米之间，用于投放大量物资的投物伞则是由多个投物伞组合形成。人用伞的伞衣面积一般在 40 平方米到 90 平方米之间，人用伞的开伞冲击力较大，方便于操作，大多数人用伞都有自动

开伞器。在 20 世纪 70 年代，翼型降落伞面世，这类降落伞的伞衣面积为 20 平方米，伞衣张开后能迅速在气囊中充足空气，使得打开的伞衣呈现机翼状，可以获得 10 米/秒的水平速度。随着科技的发展和航天航空领域的发展，降落伞的性能将朝着更加稳定、安全、灵活易操作的方向发展。

影响空气阻力的因素

空气阻力的大小和物体的形状有关，跟运动的物体的速度有关，特别是在阻力平方区，空气阻力的大小和物体速度的平方成正比，同时还跟物体在和速度方向的垂直面上的投影面积成正比关系，但和物体的质量无关。

学生：老师，我是一个汽车爱好者，我想多了解下有关行驶中的汽车和空气阻力的知识。

老师：汽车是在空气中行驶的，因此"运动"的汽车会和空气发生相对作用，此时在汽车的周围会形成一个"空气漩涡"，这使得汽车的前后部分所受的压力大小有所不同，这种压力差会阻碍汽车的行驶，在一定程度上影响汽车的速度，这也是通俗意义上的空气阻力对汽车的影响。

水中的浮力

◎智智在河里游泳。

◎智智漂在水面上，非常舒服。

◎智智把一个苹果放在水中，苹果漂浮在水面上。

◎智智把一块石头放进水中，石头沉到河底。

浮力是怎么发现的

阿基米德（Archimedes）在公元245年被赫农王命令给一个皇冠做鉴定。皇冠是金匠用赫农王给的金子做的，做好后这顶皇冠和所给的金子一样重。不过国王怀疑皇冠不纯，所以要阿基米德来做鉴定检验皇冠的纯度，要求是不能损坏皇冠。按照当时的技术，这几乎是不可能的事情。阿基米德在浴池洗澡时，发现自己的胳膊从水面上浮了起来。一个念头在他头脑中一闪而过,他放松全身并且把胳膊全部放进水里,没有想到胳膊又浮了起来。

他从水里站起来,就发现浴盆周围的水位下降了,同时他也觉得自己变重了。当他坐下来时,水位又上升了。当他躺下时,他觉得自己变轻了,水位变得更高了。他觉得自己轻了,应该是水给了身体向上的浮力。

阿基米德同时把几乎一样大的石块和木块放进装水的浴盆中。石块沉了下去,可是他却觉得手里石块变轻了。而木头呢,他要用力向下按,木块才能浸到水里。这说明,和浮力有关的是物体的体积(排水量),而不是重量。感觉物体在水中有多重,一定和物体单位体积的质量也就是密度有关。就这样,解决国王问题的方法被阿基米德找到了,密度是问题的关键所在。如果皇冠不是纯金的,掺杂的金属和金子的密度不同,同等重量情况下,皇冠体积会不同。

阿基米德把等重的金子和皇冠一起放进水里，就发现金子的排水量比皇冠的排水量小，可以证明皇冠里掺了假。浮力的原理被阿基米德发现了，也就是说，物体所排出水的重量就是水对物体的浮力。

浮力的作用

木头非常轻，可以漂在水面上，这一点大家都可以理解，但是轮船这么一个庞然大物却能行驶在海洋中，是不是有点难以理解呢？这都是因为水给在水中浸泡的物体向上托的力，也就是浮力，这种外力使它们能够在水面上浮起来。

有这样一种说法"浮力对于在水面上漂浮的物体有作用，对于沉入水中的物体不会产生作用"，是不是这样呢？我们可以做一个小实验来证明一下。把一个铁块全部放进水中，这个铁块事先用弹簧秤称出来的重量是 0.78 牛顿，可是一到了水里，弹簧秤上显示出来的数字变成了 0.68，这个实验足以证明水的浮力对于沉在水中的东西也是有作用的。

由钢铁制造的巨大轮船和一小块的铁块同样受到浮力的作用，为什么前者能在水面上行驶而后者却会沉到水下面去呢？这是因为在水中的物体受到的浮力，和它排开水的重量是相等的，轮船的体积大，并且是空心的，那么它自身的重量比所受的浮力小，因此会浮在水面；而小铁块体积小，又是实心的，所受到的浮力没有它实际重量大，自然会沉在水底了。

在我们的日常生活中，浮力的作用很多。比如，沉在水底的船很难打捞，可以准备一些大铁箱子，里面装满水，把它们放到水里并且系在沉船上，接着抽干铁箱中的水，铁箱变成真空的了，可以将沉船从水中拉出来了。

气体和液体一样也有浮力。有一种被称作"孔明灯"的纸灯笼，古代曾被用来在战斗中指挥作战。当灯笼内的松脂被点燃时，因为温度升高灯笼里的空气变轻了，灯笼就会飘到高空，这是一种信号，士兵看到后就会发起进攻，冲向敌人。

高空气球是用来进行气象观测的，它和"孔明灯"一样是利用了空气的浮力。但是气球里面的气体是轻于空气的氢气，而不是松脂。

和我们生活密切相关的浮力作用很大吧？它的能力不能小看呢。

浮力是怎么产生的？

说了这么多，也许有小朋友会问了，这么神奇的浮力，是怎么产生的呢？这是因为液体能产生压强，而且压强存在于液体内部的每一个方向，同时深度增加压强也随之变大，这就使得液体给物体上底向下的压力小，给物体下底向上的压力大一些，因此产生压力差，也就是垂直向上的浮力。如果把一个蜡烛放在平底烧杯的底部，再倒水进去，蜡烛是

不会漂起来的。因为水没有对蜡烛的底部产生向上的压力，只给了顶部向下的压力，所以蜡烛被牢固地固定在杯子底部。

阿基米德

阿基米德在位于西西里岛的叙拉古出生，他从小爱好辩论，善于思考，年轻的时候曾在古埃及游历，并且在亚历山大城就学。据说埃及现在仍在使用的阿基米德式螺旋抽水机就是他在亚历山大城读书的时候发明的。阿基米德在第二次布匿战争时期不幸死在围攻叙拉古的罗马士兵手里。人们尊敬和赞扬一生忠于自己的祖国并献身科学的阿基米德。

学生：老师，那为什么生活中我们会看到附着在水底的气泡不上浮呢？

老师：这跟"黏滞性"有关。日常所见的水是有黏滞性的。小气泡不会上浮，是由于水分子与容器壁间具有一种相互吸附的力。水的黏滞性和粗糙的容器壁的吸附力是能让小气泡暂时升不起来，但这并不证明它们没受浮力作用。只要时间足够长，浮力最终是会战胜其他力的效应，最终把气泡推上来的。

惯性力

◎智智和妈妈坐在公交车。

◎汽车平稳地向前行驶。

◎汽车前方突然出现一只小狗，司机紧急刹车。

◎智智和妈妈的上身前倾。

惯性力

　　惯性力是一种当物体发生状态改变时产生的使物体仍旧保持原本状态的力。如果将这个发生状态改变的物体作为参照物，可以近似认为有一股方向相反的力作用在物体上，这就是惯性力。惯性力实际上并非是一种实质存在的力，因此在力学领域中将惯性力归为假想力的范畴内。在非惯性系中，牛顿运动定律无法解释物体状态的诸多变化，但为了方便人们理解，在非惯性系中，我们假设惯性力是除了相互作用引起的作用力之外的另一种由非惯性系引起的力。

举例来说，当公交车紧急刹车时，车上的乘客会因为本身惯性向前倾斜，在乘客自己看来自己仿佛受到一个力的作用，使得他们向前倾，这种假想的实际上不存在力就是惯性力。

我们认为每一种运动都是相对于指定参考系来说的相对运动，但同时我们认为运动时一个物体的本身性质，即物体由于本身惯性会保持不变的速度。当外力作用于物体时，物体的运动状态会发生改变，但通常意义上的运动其实是两个物体的运动差异，在抛去参考系不谈的情况下，物体的速度其实是两个物体的运动差，用参考系和物体的运动差来表示物体的其他条件。因此，当两个物体的运动差改变时，我们可以将它看成是一个物体的运动状态发生改变。

　　力是改变物体运动状态的原因，因此运动差的改变和外力作用有关。当两个物体的运动差发生改变时，至少有一个物体受到外力的作用，此时假设受力物体为参考系时，另外一个物体仿佛受到一股方向相反的力的作用。

基本介绍

　　惯性力是科学家为弥补在非惯性系中物体的运动不符合牛顿运动定律时引入的一种假想力。假设有在一辆静止的火车车厢里的一张光滑桌子上放置一个小球，当火车启动开始加速时，在地面上的人看来小球并

没有运动，但是在火车上的乘客看来小球在沿着火车行驶方向相反的方向运动，且运动的加速度与火车加速度大小相等，方向相反。此时若对小球进行受力分析，可以看出小球只受到支持力和重力的作用，且两者

在竖直方向上存在二力平衡，根据牛顿运动定律，小球将不会发生状态改变，将保持静止状态，但在实际生活中，小球却在"运动"。为消除牛顿力学的这个局限，我们引入惯性力这个概念，在非惯性系中给物体加上一个方向相反，大小相等的作用加速度，因此我们将引起这个加速度的力称为惯性力。引入惯性力之后在刚才的火车假设中就能很好地解释小球的运动，利用惯性力也可以解释在变速运动中，作用力和反作用力相等，阻力却小于作用力，但要注意惯性只是物体本身的性质并非是一种力。

惯性力的计算和应用

假设系统的加速度为 a，惯性力的大小：$F = -ma$（m 是物体质量）

在研究地球上的水、大气等物质运动时，往往应用地转偏向力，此时的地转偏向力就是一种惯性力。惯性力在宇宙科学上也有诸多应用，例如，小行星在靠近木星后出现分裂现象、彗星靠近太阳后彗尾存在一定偏角。

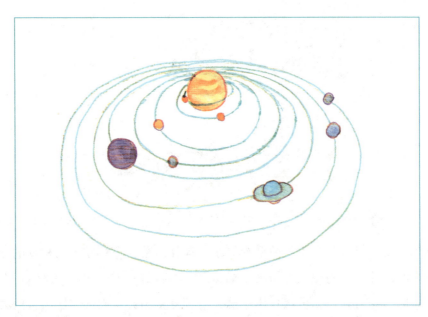

小链接

惯性参考系

惯性参考系是自由质点相对其静止或做匀速直线运动的参考系。在力学问题处理中，对运动的描述要先考虑对应的参考系。不同的参考系中同一运动也会有不同的运动描述。我们常说的惯性系的定义是参考系中时间均匀流逝，空间具有均匀性和各向同性的参考系，在这样的参考系内，描述运动的是最简单的。

师生互动

学生：老师，对于惯性系我们是否能这样理解：如果一个参考系相对绝对空间静止或者做匀速直线运动，那么这样的参考系就是惯性参考系。

老师：根据惯性参考系的定义这样的理解是正确的，从中我们也可以推断出非惯性系的定义：一个参考系相对绝对空间做非匀速或非直线运动，那么这样的参考系就是非惯性参考系。

学生：如何有效的区别两种参考系呢？

老师：解决这个问题需要你记住一句口诀：对于某一惯性参照系做匀速直线运动的参照系是惯性参照系；对于某一惯性参照系作加速运动的参照系是非惯性参照系。

向心力

◎ 智智在一个瓶子里装了一些水。

◎ 智智在有水的瓶子上拴一根绳子。

◎ 智智用手抡起绳子，让瓶子绕着自己转。

◎ 瓶子中的水并没有洒出来。

向心力

向心力指的是使质点（或物体）做曲线运动时所需的指向曲率中心（圆周运动时即为圆心）的力。当一个物体做着圆周运动的时候，沿半径指向圆心方向的外力（或外力沿半径指向圆心方向的分力）称为向心力，又称法向力。

物理学意义上的向心力，以下是向心力运算公式：

$F_{向} = mr\omega^2 = mv^2/r$

$\qquad = mv\omega$

$\qquad = 4\pi^2 mr/T^2$

$\qquad = 4\pi^2 mrf^2$

$\qquad = 4\pi^2 n^2 mr$

其中：m 是物体质量，ω 是角速度，v 是线速度，r 则是物体的运动半径，T 就是圆周运动周期，f 是圆周运动频率，n 是圆周运动转速。

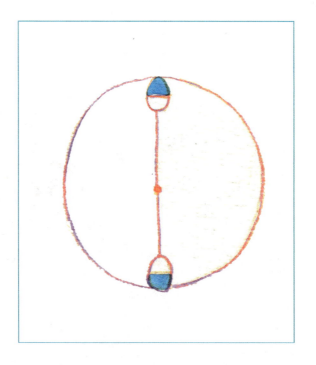

匀速圆周运动（或称空加速运动）的速度方向时刻改变，必然有加速度。可以通过运动学加以证明证明，做匀速圆周运动的物体的加速度大小为 $a = v2/r = \omega2r$，方向总是指向圆心，因此匀速圆周运动的加速度，叫向心加速度。向心加速度只会改变线速度的方向，不会改变线速度的大小，并且方向是一直指向圆心，和速度 v 垂直。

匀速圆周运动的向心加速度与线性速度，尽管大小都是不会变的，但它们时刻改变的是方向。由此得出，匀速圆周运动是一个变速运动，而且还是非匀变速运动。

物体受到的合外力所以产生了匀速圆周运动的向心力。

非匀速圆周运动的向心力的内涵就是指合外力指向圆心的分力。

向心加速度的定义即向心力产生的加速度，只是用来描述线速度方向变化的快慢。

对向心力的认识

（1）向心力的名字是通过力的作用效果得来的

由于向心力产生指向圆心的加速度，所以它才有了这个名字。它并不是拥有确定性质的某种类型的力。反而是无论什么性质的力都可以作为向心力。实质上它是某种性质的一个力，或者是某个力的分力，甚至可以由几个不同性质的力沿着半径指向圆心的合外力。

（2）向心力为什么不会把物体拉向圆心

当一个物体做圆周运动的时候，它的速度方向是不断在改变的，为了让这个物体的速度方向发生改变，就需要一定大小的力来作用。想一下，当物体不再受力，那这个物体在惯性作用下还会沿着切线方向走吗？难道不会飞出去吗？当物体做圆周运动时，这个向心力的大小又正好等于所需要的力，这个时候它就没有"多余的力"把物体往圆心的方向拉。一般来说，给出的拉力要大于所需的向心力时，就会把物体往圆心的方向拉，而当给予的力小于所需的向心力，就会导致在水平切线方向有一个分速度，进而使得运动的物体发生了偏离，做偏离圆周轨道的曲线运动。

（3）向心力、离心力的互相作用

这个地球上的任何物体都需要有两种力来维持彼此的平衡，一个是作用力，另一种就是反作用力。举一个例子，当人站在地球上，就会自然地产生一个重力，同时也会产生双腿的支撑力来做反作用力，这两种力在互相作用，来维持彼此的平衡。向心力和离心力两者之间的关系也是这个道理，只有单纯向心力作用的物体就会被拉往轴心，而单纯离心力作用的物体就会从圆周飞出去。所以向心力和离心力互相作用，才可以保持平衡，让向前的力产生作用。

匀速圆周运动和非匀速圆周运动

圆周运动按照速度大小是否变化来区分的话，可以分为两类：匀速圆周运动和非匀速圆周运动。

一个物体坐着匀速圆周运动，它不改变速度的大小，只是改变方向，所以它的加速度就总是指向圆心，而且大小不变；合外力也总是指向圆心，大小不会发生改变。

当物体做非匀速圆周运动时，它的速度大小和方向都发生改变，除了指向圆心的加速度外，还有沿切线方向的加速度，所以两者的合加速度不

是指向圆心，所承受的合外力也就不是指向圆心了。物体的向心加速度大小表示为 $a = v^2/r$，当 v 值发生变化，向心力 a 也会随着 $F = ma$ 值变化。

小链接

变速圆周运动中向心力大小不恒定

在匀速圆周运动中，合外力只会改变线速度方向，不会改

变线速度的大小。这时，向心力就是物体所受的合外力；在变速圆周运动中，合外力不但要改变线速度的方向，还要改变线速度的大小，这时向心力不一定与物体所承受的合外力相等，并且因为变速圆周运动线速度大小是不恒定的，所以变速圆周运动中的向心力大小也无法恒定。

师生互动

学生：在我玩水流星的时候，如果绳子突然断了，那瓶子会继续做圆周运动吗？

老师：当然不会，绳子断了之后，瓶子会绕着原来圆周的切线方向飞出去，不会再继续做圆周运动了。

世界上真的有离心力吗

◎妈妈在用洗衣机洗衣服。

◎洗好的衣服是湿的。

◎妈妈用洗衣机甩干衣服。

◎从滚筒中拿出的衣服是干的。

假想出来的离心力

离心力是一种假想力，本质来说就是惯性力，由于无法找出产生离心力的施力物体，因此离心力在一定程度上背离了牛顿第三定律。人们对离心力的通俗定义是：当物体做圆周运动，向心加速度在物体所在坐标系会产生一股作用在离心方向的作用力，我们称这种假想力为离心力。

当物体做圆周运动时，物体处于非牛顿环境下，此时物体所感受到的力并非真实的力。

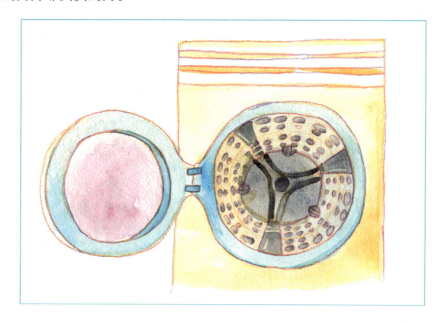

离心力的计算公式是 F = mv × v/r（其中 m 表示物体质量，单位为千克，v 代表物体速度，单位是米每秒，r 代表物体做离心运动的半径，单位是米）。

离心现象在天体物理上的应用

在天体系统中，卫星环绕主星做惯性运动，同时卫星受到主星产生的引力做圆周公转运动，当卫星的惯性运动的力大于主星产生的引力时，卫星会适度偏离中心。在我们生活的地球上，一个物体在静止的另一个物体中心边缘做惯性运动，同时运动的物体受到静止的物体产生的束缚力做圆周转动，当运动的物体的惯性运动力大于静止物体产生的束缚力时，运动的物体会远离中心做离心运动。在大自然中，液体和气体的结合力相对低下，因此会在一定条件下做离心运动，而固体的结合力较强便不会离心而去。

　　离心力是由做圆周运动的物体在速度或者方向发生改变时产生的一种力。举例来说，当一个物体搭靠另一个物体前进时，此时两个物体的移动速度是相同的，但是被搭靠的物体由于受另一物体的作用，依靠惯性会向前移动，此时若物体方向改变，被搭物体基于惯性会继续向前，在这个过程中就会产生离心力。

离心力——实际应用

一、流星锤

　　熟悉冷兵器的同学应该认识一种名叫流星锤的软兵器，这是一种将金属的锤头系在绳子一端或者两端的暗器类兵器，在分类上将一端系锤头的称为"单流星"，两端系锤头的称为"双流星"。金属锤头的种类

五花八门，这里不做过多介绍，仔细研究流星锤这种兵器的攻击方式后我们发现，在流星锤的使用过程中运用到了离心力原理，当使用者手持长绳时锤头既受向心力作用，又受离心力作用，当使用者放手时，向心力消失，流星锤做离心运动。

二、离心机

离心机是一种利用离心力原理制造的机器，它的主要用途是通过离心力的作用对混合溶液进行分离和沉淀。在实验中，我们常用的电动离心机有：高速、低速离心机；高速、低速冷冻离心机；制备、超速分析两用冷冻离心机等。在生化实验中，使用较为普遍的是低速、高速离心机和高速冷冻离心机。

三、茶叶悖论

在生活中有许多人喜欢喝茶，在泡茶的时候会发现放在茶杯中的茶叶被搅动后，茶叶会回游至茶杯底部中心处，这就是茶叶悖论所描述的现象。这一理论的最初解释者是阿尔伯特·爱因斯坦，1926年他在一篇解释河床侵蚀问题的论文中提到这点。搅动容器中的液体，可以使液体产生一定的离心力，但由于容器内壁存在摩擦，部分靠近底部外侧的液体感受到的离心力会因此减弱。因此，我们将容器内壁称为埃课曼层。还是用茶杯和茶水来举例，旋转在底部的茶水速度较慢，因此会产生一定的压力坡度，继而产生沿底度内流的波流；相对较高的茶叶会出现液体外流现象。第二波流沿着茶杯底部内流，因此将分散在外部的茶叶聚集在中央，茶叶本身无法依靠重量上升，所以最后会停留到茶杯底部。

小链接

离心力

离心力这一说法的存在的前提是物体存在于惯性系中。关于离心力的定义中"离开圆心的趋势"的本质是：物体由于本身存在惯性，总会有沿着圆的切线方向做直线运动的趋势，而当物体沿直线运动，就会不断偏离圆心，所以把这一趋势定义为"离心趋势"。在实际操作中，物体受到向心力的作用不会产生沿着切线方向做惯性运动，而是在物体运动方向偏移后会有沿着新的方向做直线运动的趋势。

师生互动

学生：老师，根据离心力的定义能否认为离心力和向心力是一对反作用力呢？

老师：这样的理解是错误的，举个简单的例子，地球和月球这一体系中，月球受到地球的引力就是向心力，根据反作用力的定义，这个力的反作用力是地球受到月球的引力。向心力是一种存在的力，而离心力是我们假设出来的力，不能将两者混为一谈。

学生：额，刚才您提到洗衣机运用到离心力的原理，那么吸附在衣物上的水是怎么样被甩出去的呢？

老师：在洗衣机这一系统中，我们可以认为水和衣物的吸附力不足以提供旋转时所需要的向心力，根据牛顿定律，水会沿着圆周切线方向被直线甩出。

水的表面张力

◎ 智智在看电视，有武功的人在"水上漂"。

◎ 智智站在池塘边，看到水面有很多虫子。

◎ 智智把一块石头放在脸盆，石头沉到底部。

◎ 智智把一根针放在脸盆的水面，针漂在水面。

科学 原来如此

这根针好神奇啊！

关于水面张力的小实验

　　第一步你要准备一盆清水和几个硬币，这是我们实验的道具。接着，我们把硬币扔入水中，记着要垂直丢进去，这时候你会发现，硬币会毫不犹豫地钻进水中。这个结果是在你的意料之中吧，但是接下来的实验就会让你大跌眼镜：第一步还是一样的，只是第二步稍微做点修改，你要用你的手指托住硬币，让它慢慢靠近水面，接下来就是见证奇

迹的时刻了：硬币竟然被水给撑起来了！

你知道第二次实验时硬币为什么会死皮赖脸地待在水面上吗？那是水面张力为了挽留硬币使出来的小计谋。水里的分子发挥自己的魅力，吸引水面上的分子向它靠拢收缩。就像水滴滴在油纸上会聚拢成水珠，杯子中装满水水面就会向杯口凸起一样。我们的实验和举例说明了一种收缩倾向。它使像异性之间相互牵引，最后创造出水面张力这个名词。张力是使硬币停留在水面上的原因，但是这种张力极小，水面稍有晃动，硬币就会沉下去。

这是怎么回事呢？你肯定会想到自然课上听说的表面张力吧。其实不然，不信的话，我们再做一个实验。我们在第二个实验的基础上，在水中慢慢放入一小块肥皂，肥皂溶解成肥皂水，这时候硬币就会主动靠近肥皂一边。这是什么原因呢？原来肥皂水的张力比清水的张力小，所以硬币会被推到肥皂水一侧。你肯定会很好奇这个实验中的变化吧，如果你增加实验次数，水面肥皂过多的话，你就得不到该有的效果了。想继续玩的话，就只能另换一盆清水了。

水面张力的成因

用分子力解释：表面张力，是液体表面层由于分子引力不均衡而产生的沿表面作用于任一界线上的张力。是液体的内聚力作用的结果。通常，由于环境不同，处于界面的分子与处于相本体内的分子所受力也是不同的。在水内部的一个水分子受到周围水分子的作用力的合力为 0，但在表面的一个水分子却不如此。因上层空间气相分子对它的吸引力小于内部液相分子对它的吸引力，所以该分子所受合力不等于零，其合力方向垂直指向液体内部，导致液体表面具有自动缩小的趋势，这种收缩力称为表面张力。表面张力是物质的特性，其大小与温度和界面两相物质的性质有关。

用分子势能解释：分子间由于存在相互的作用力，从而具有的与其相对位置有关的能。液体内部分子被大量分子包围，所以它的分子势能比较低。但是表面的分子却不是这样，它是具有相对高的分子势能。液体一般表面比较平静，那是表面的分子向液体内部移动的结果。我们直接看到的就是，液体的宏观面积变小了。

生活中的表面张力

在自然界中，我们可以看到很多表面张力的现象和对张力的运用。比如，露水总是尽可能的呈球形，而一些昆虫如水黾、蚊子可以在水面上停留甚至爬行，体积较扁的物体如个别金属制成的钱币、刀片或者铝膜也有这样的能力，这些都是水面张力的功劳。

另外，洗衣服的时候，会不会有这种困扰：接了满满的一盆水，就是衣服浸不湿。这个时候你就要聪明一点了，放点洗衣粉进去，它可以

降低水的表面张力。

　　除此之外，生活中还有很多水面张力：

　　1. 水滴形成圆球状，

　　2. 豉豆虫和水黾可在水面上行走，

　　3. 针会浮在水面，

　　4. 荷叶上的水滴成圆球状。

　　还有一些我们经常玩的游戏，我们吹泡泡的时候泡泡都是圆的，荷叶上的露珠也是圆的，这些现象都是因为水的表面张力使得液体的表面分子距离大于内部距离，从而使液体表面有了收缩趋势。

小链接

　　细小的物体，如针之所以能够悬浮在水面上的原因是水面张力作用的结果。表面张力是水内部一个个分子相互连接形成的一种力量，这种力量是分子被吸引到一起，然后形成挤压最后成为一层薄膜。这层薄膜就是表面张力。

师生互动

　　学生：原来是这样的呀，那物理学上还有什么比较神奇的力量吗？

　　老师：当然了，还有浮力、质量力以及动水压力等很多力量。今天我们主要讲的就是浮力。

　　学生：浮力也是可以使物体漂浮在水面上的，那么它跟水面张力有什么区别吗？

　　老师：我们可以做一个实验来解决你的问题：在一盆清水中放一个硬币和一个塑料勺子，开始的时候硬币和勺子都是浮在水面上的，接下来，我们往水里倒点洗洁精，这时候我们看到硬币沉到水里去了，而勺子还是浮在上面。

　　学生：为什么会这样呢？

　　老师：因为洗洁精破坏了水的表面张力，所以硬币沉了，相反的，增加了浮力，所以勺子还是浮着的。

分子之间也是有力存在的

◎妈妈给了智智两块磁铁。

◎智智拿着这两块磁铁随便摆弄。

◎智智把磁铁放在一个位置，两块磁铁互相吸引。

◎智智把磁铁换了个位置，两块磁铁互相派出。

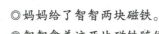

分子之间的力

 通过对物体本质的不断探索，人们已经认识到存在于大自然中的各种物态变化的本质是分子间某种力的作用效果，量子化学的出现使人们逐渐步入了解这种力的类型和本质阶段。在分子、原子结构的基础上，科学家们发现这种力的来源主要是带电的核和核外电子之间的各种作用。分子在电子分布、几何构型等方面有固定的结构，因此这种相互作用不同于一般的电磁场和重力场，在某称程度上与分子结构及物质所在的环境有关。由于分子微小的特性，分子间的相互作用存在一定的复杂性，所以在实际应用中我们还需要使用经验的势函公式。

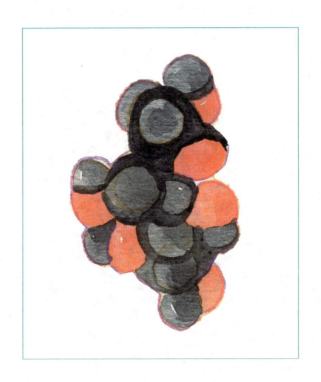

分子间的相互作用

分子间的相互作用在本质上可以归属于量子力学的范畴。当分子之间的距离较远时，较为突出的是远程作用的静电力，特别是在离子之间，极性分子和离子之间的相互作用、极性分子和极性分子之间的相互作用中静电力占有绝对的优势，因此在研究这一类静电力时可以利用相应的静电模型进行分析处理。非极性分子之间的作用力被称之为色散力，这是一种必须借助量子力学知识才能处理的相互作用。静电力和色散力的共同点在于两种力都具有吸收作用。当分子相互接触时，相应的

电子云即将交盖时，这时会产生新的作用力，通过研究我们可以根据这种新的力的起因将其分为电荷转移力或交换斥力，前者是当分子间发生接触时，各自的前沿分子轨道发生电子转移后才出现的一种使分子稳定的作用力，后者是有相同自旋方向的电子在相互回避时产生的一种相互排斥作用。

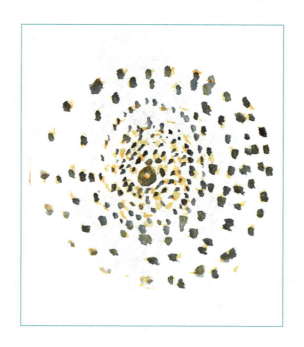

分子间力的种类

在分子间存在一种命名为氢键的作用力，这是一种需要满足一定条件的基团和拥有质子的分子才能出现的作用力。这些短程力在现实中没有相应的经典模型，因此必须通过量子力学的观点才能加以阐释。在对各种相互作用的分类中，往往将定向作用力和诱导力归纳于静电力，把定向力、色散力和诱导力这种相互吸引的作用归纳为范德华力。

（1）取向力

取向力是一种发生在极性分子之间的作用力。极性分子的电性分布

不均匀，两端分别带正电和负电，因此能形成偶极。当两个极性分子逐渐接近时，它们的偶极会发生同性相斥，异性相吸作用，使得两个分子发生相对转动，使原本相反的极转变成相对状态，也就是"取向"。同极相距较远，异级相距较近，在不断地靠近中分子间的引力和斥力会达到相对平衡，这种通过极性分子取向而产生的作用力就是取向力，它的大小和偶极之间的距离的平方成正比。

（2）诱导力

诱导力是一种存在于极性分子之间，且存在于极性分子和非极性分子之间的作用力。由于极性分子存在偶极，当极性分子遇到非极性分子，极性分子产生的电磁会影响非极性分子，使得后者的电子云发生一定的形变，即电子云被极性分子的偶极吸引至极性分子的正电极。这一影响最终使得非极性分子的电子云相对原子核发生一定的位移，分子中正负电荷的重心不再重合，使得非极性分子也生成偶极。这种相对位移我们称之为"变形"，因此产生的偶极我们称之为诱导偶极，以此区别于极性分子的偶极，这种通过诱导偶极产生的作用力便叫做诱导力。

同理，在极性分子之间，除了取向力之外分子之间还存在相互影响作用，这使得每个分子发生一定的变形产生诱导偶极，因此使得原本分子间的偶极距逐渐增大，产生一定的诱导力。

诱导力的大小与极性分子的偶极距和非极性分子的分子极化率之积成正比关系。

（3）色散力

色散力是一种存在于非极性分子之间的相互作用。非极性分子与极性分子的一个不同点在于前者没有偶极，因此曾有人认为非极性分子之间不存在引力，其实不然。例如，苯在室温下是液体形态，H_2、O_2和稀有气体在低温下能变成液体甚至是固体，这些实例都说明非极性分子之间存在着引力。在非极性分子相互靠近的过程中，每个分子的电子会不断的运动，相应的原子核也会发生不停的振动，这使得分子内正负电荷的重心发生瞬间的不重合，在这段时间内分子会产生瞬时偶极，并通过诱导作用使得邻近分子也产生对应的瞬时偶极。虽然瞬时偶极出现的时间极短，但出现的次数却十分频繁，这使得分子间存在着不间断的引力，这种计算公司类似于光色散公式的力称之为色散力。

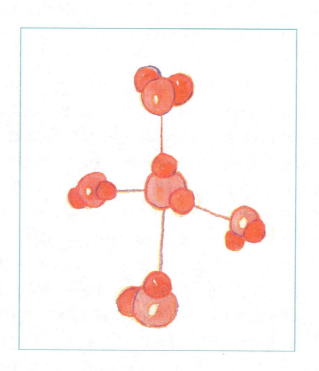

（4）氢键

氢原子具有很强的结合性，它可以同时和两个原子半径小、电负性大且带有未共享电子对的原子相互结合。在较为常见的 X－H···Y 例子中，X 一端具有很强的电负性，能吸收大量的电子云，在 H 端则存在部分正电荷，另一个分子 Y 同样集中了大量电子云，因此该分子显负性，它通过静电力和 H 结合，这也是我们俗称的氢键的本质。在一般情况下，我们把形成氢键的静电力称为范德华力，它具有方向性和饱和性，但力的作用较小，一般在40kJ/mol 以下。

小链接

分子间引力与斥力的大小和分子间距离的关系

研究发现：分子之间的引力和斥力都随分子间距离增大而减小，但分子间斥力随分子间距离增大而减小的变化过程更快一些。分子间引力和斥力存在一个平衡位置 R，当分子距离 r 小于 R 时，分子间引力和斥力都随距离减小而增大，但斥力增大的速度更快，因此分子间作用力表现为斥力；当分子距离 r 大于 R 时，分子间引力和斥力都随距离的增大而减小，但是斥力减小的速度更快，因此分子间的作用力表现为引力。

师生互动

学生：物质都是由分子组成的，那为什么物质会出现固体、液体和气体这三种状态呢？

老师：根据分子动理论，我们可以得知物质中的分子会永不停止地做着无规则的运动，同时他们存在着各种相互作用。物质之所以会呈现固体、液体和气体三种形态是因为分子的无规则运动使分子不断的分散，但是分子间的作用力却使得分子不断聚集，而在这两者间存在着一定的大小关系，就像分子间的距离大小和平衡位置 R 之间存在辩证关系。

伟大的力学之父——阿基米德

◎智智在翻看一本物理方面的书。

◎突然，智智看到了一个人——阿基米德。

◎智智在看阿基米德的故事。

◎智智高兴地看着阿基米德测量的那个皇冠。

金冠之谜

公元前 287 年，在美丽的西西里岛上有一个叫叙拉古的小城，这里就是阿基米德的家乡。在那里生活的人们，见过特别奇怪的阿基米德，为什么这么讲呢？我们平常人肯定不会光着身子跑在大街上，但有一天，那里住着的人们看到平常穿戴整齐、文质彬彬的阿基米德先生什么也没穿从浴室里跑了出来，边跑边叫嚷着："找到了！找到了！"人们都觉得非常的奇怪：大学者阿基米德今天怎么了？

这到底是怎么回事儿？大家都很惊奇，后来人们才知道原来是这样的，叙拉古国王艾希罗决定给自己打造一顶金冠，就把金子称了称之后给了宫里的工匠，还下令让他们加速打造，工匠很努力的打造完金冠交给国王，国王拿在手里觉得这金冠的重量不对呀？就怀疑工匠是不是偷偷拿了国王的金子，但是工匠觉得自己很冤枉，怎么也不承认自己拿了金子，还拿出了称其他物品的秤，称量之后发现金冠和当初的重量一模一样，国王虽然还是觉得有问题，可是没有证据证明工匠头偷拿了金子，也不能给他治罪。

国王对于这件事儿无奈又生气，想追究又找不出工匠的犯罪证据，就想起了叙拉古国最有学问的阿基米德先生，把阿基米德请来之后，国王就向他请教这个事情，但是阿基米德也不明白呀！为什么连大学者阿基米德也不明白？是因为当时的科学技术太落后啦！但是阿基米德是个很爱思考的人，他一整天都在想为什么，希望解开这件事的谜底，还原事实真相。

但是有一件很巧的事情让阿基米德渡过了这个难关，自从从王宫里回来之后，阿基米德就一头栽进了书房，几天都没有出来，阿基米德的夫人觉得他几天没有洗澡实在太脏了，就把自己塞进浴室洗澡。因为自己的思维被哗哗哗地水声打断了，阿基米德非常生气，国王的问题什么时候能解决呢？他就把自己全身下沉到水里，结果水太满，溢出来了，阿基米德忽然想到了什么，他一跃而起，急着去给国王解答，连衣服也忘了穿，就跑出了院子，他的夫人看到他没有穿衣服，就拿着衣服在后边追他。于是就有了这件让人大吃一惊的事。

阿基米德是怎么完成国王的要求的呢？在他洗澡的时候，他发现自己钻进水里后水会溢出来，也就是说，如果两个东西的重量是一样的，把这两个物品放进水里，他们就会溢出同样多的水，那么只要把工匠做成的金冠和相同重量的金子放进水里，看看溢出来的水是不是多了就可以查探这件事情的真相，阿基米德开心地去拜见了国王，告诉了国王这个好办法，为了证明办法是可行的，阿基米德还让国王将相同重量的金块和银块放进同样多的水中，发现银块更重，因为溢出来的水比金块多很多，国王又把金冠和相同重量的金子放进水中，结果发现金冠溢出来的水比金块多，于是很顺利的识破了工匠的谎言，在场的所有人都做了证人。

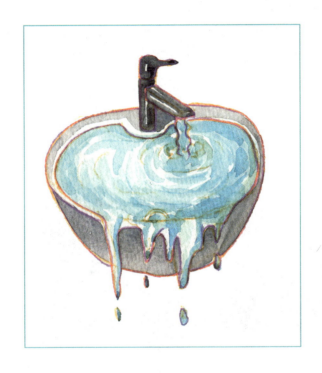

就这样，聪明的阿基米德解开了关于金块的谜底。

这件事情发生了之后，阿基米德就发现了以自己名字命名的浮力原理，就是物体在液体中减轻的重量，等于它所排出液体的重量。

求知若渴的学者

和其他的学者不一样的是，阿基米德的学术问题不是课桌上埋头苦算出来的，他对于学术界而言，也算第一个不热爱工作桌喜欢游玩的人。因为阿基米德最喜欢的事情就是在傍晚海风轻轻吹的时候，去沙滩上散步，边散步边思考自己的问题，有时候思考到要紧的地方需要演算，就随手捡起海滩上的小石头，在散散的沙子上划来划去的计算，他喜爱在安静的环境中思考。当然这可不是阿基米德的全部行程，他的另一个乐园就是图书馆，图书馆里学无止境的知识让阿基米德流连忘返。人们经常可以在去图书馆的路上，看到阿基米德抱着一堆书悠闲地走向图书馆。这样的环境帮助阿基米德成为闻名古今的大学者。

也许说到这里有人怀疑了，他在沙滩上能做出什么贡献。著名的水里星球仪就是阿基米德为了测定行星的运动规律发明的，他是第一个研究出地球是个像篮球一样的球体的科学家，在人们对浩瀚的星空一无所知的时候，他提出了太阳是宇宙中心的日心说。除了在天文学上取得很高的成就，他还是一位农业科学家呢。帮助尼罗河的人们解决了令他们

担忧的灌溉的问题，还研究了微积分和圆周率等很多数学问题，发现了杠杆原理，说一句很有意思的话让人们千古流传："给我一个支点，我能撬动地球。"

军事成就

阿基米德不但是一位伟大的学者，在军事上也取得了不小的成就，在阿基米德生活的时代，罗马已经成为一个很强盛的国家，为了扩张领土，开始侵略阿基米德所生活的叙拉古国，阿基米德勇敢地拿起了自己所学的知识，并用之研究武器来保护国家的领土完整，他研究的武器吓坏了罗马军队的入侵者，战争的最后，他还为祖国的安危付出了自己宝贵的生命。

今天我们还是无法相信一个手无缚鸡之力的学者，在敌国铁蹄入侵

的时候，不是闻风而逃，而是勇敢地抓起手中的笔为前线的战士设计出一个个令敌人闻风丧胆的武器，在战争的大后方，用他的智慧鼓舞叙拉古国的人民，表达出自己抗击侵略保卫国家的决心，尽管阿基米德没有亲自走上战场，但却时刻和祖国在一起。

在这场战役中，虽然阿基米德最终献出了自己的生命，但是却得到了后代的敬仰，也得到了自己国家的人民、甚至于对手的敬佩，他的人生，走得轰轰烈烈，最后也死得其所。

小链接

阿基米德浮力定律

根据阿基米德的研究，物体所受的浮力，等于它排开的液体所受的重力。浮力等于液体的密度乘以重力加速度乘以排开液体的体积。

师生互动

学生：老师，为什么我把苹果放到水里，它会漂在水面上，而把石头放到水里，它就会沉到水底呢？

老师：这是由它们之间的密度大小决定的。如果物体的密度大于水的密度，它就会沉到水底，如果物体的密度小于水的密度，它就会漂在水面上。

疯狂的力学家牛顿

◎智智在吃苹果。
◎爸爸问了智智一个问题。
◎智智停止吃苹果，思考问题。
◎智智高兴地回答爸爸的问题。

让行动和思想同步行走

　　自从一个苹果砸在了牛顿头上，这个苹果就跟着牛顿一起出名了。这个举世闻名的大科学家，到底是一个什么样的人呢？

　　伟大的物理学家牛顿生于 1643 年 1 月 4 日，遗憾的是这位未来让世界震撼的科学家出生时十分虚弱，只有三磅重，家里人静静地等待着这个小小的婴孩啼哭，担忧的气息笼罩在英格兰林肯郡小镇沃尔索浦

上。就算是一个普通的农民家庭，爸爸妈妈也为自己家里的新生命欢呼，等待他有响亮的啼哭声向世界宣告他的到来。当然那个时候，他们还无法预料牛顿在以后的人生中给世界带来的变化。

　　牛顿是否足够聪明我们不得而知，但是在牛顿的档案上，清清楚楚地写着：1661 年，年仅十八岁的牛顿进入剑桥大学，也许在这之前，在牛顿的学校里，他优秀而令人瞩目，但是在人才济济的剑桥大学，任

何天才都会被新的天才取代，在这里，牛顿也不例外，但是牛顿有异于其他天才的是他还有一颗锲而不舍的心，有一股向最好的自己迈进的精神，这种精神伴随着大学的牛顿，他总是拿着笔，或在图书馆学习复杂的代数，或在教室里拿着三角的试题，或在林荫小道上踱步思考，或在长椅上奋笔疾书……在短短的两年时间里，他学习到的东西令人惊叹，

但是对牛顿而言，这还不够，所以在接下来的日子里，牛顿不但学习了欧几里得的《几何原本》，还开始研读著名数学家笛尔卡的《几何学》。

大自然的秘密

大学毕业后，牛顿并没有按部就班地走上工作岗位，而是去体验乡村生活，在乡村里生活了两年的牛顿，慢慢地看到了大自然的秘密。

牛顿发现光的折射原理的那天，大地还未从寒冬的冬眠中苏醒，杨柳的小叶子还在枝丫里沉睡，冬眠的动物们还不知道发生了什么事情，春风早早地来到人间，却被寒冬逼得缩紧了脖子，太阳毫不吝啬自己的

光芒，努力的照亮着广袤的大地，人们可以闻得到春天扑面而来的温暖。1661 年的一月份，也不知道自己将作为一个特殊的日子被铭记，时间的年轮，也为此做了片刻的停留，牛顿笑着说："就在今天开

始吧！"

牛顿准备了一间黑漆漆的屋子，一缕细细的阳光从窗子里透进来，除此之外，房间里什么都看不到，那缕阳光在对面的墙壁上，落下亮亮的光斑。牛顿将自己的母亲和妹妹请过来，不顾他们疑惑的目光，变戏法一样拿出一枚三棱镜。那时候，也许他们还不知道三棱镜，但是他们的眼睛看到了这个东西制造的奇迹，就在牛顿将三棱镜放在光线中时，对面的墙上折射出一道五彩缤纷犹如彩虹的小小光带，红橙黄绿青蓝紫，跳跃着出现在他们眼里。像是见证了一场奇迹的诞生，牛顿的母亲和妹妹惊讶地瞪大了眼珠子，张大的嘴巴也不能合拢，欢呼声从小小的黑屋子里冲出来，似乎也在为这个奇迹欢呼。随着光的折射原理的面世，一门全新的学科也在这个乡村里应运而生，那就是光谱学。

万有引力的发现

时光的年轮依旧不快不慢的走着，在别人碌碌无为的日子，牛顿却总是让人记住这和他有关，1666 年的秋天，午后的风吹得绵绵软软，牛顿从堆满书的书桌上抬起了头，也许是被工作折腾的累了，也许是被和煦的风唤起了精神，总之他决定去后院走一走，放松一下，后面的美景让他的眼睛亮了亮。金秋十月的日子，红彤彤的果子散发出甘醇的香味，枫树的红叶洋洋洒洒，牛顿惬意地坐在果树下，拿出手中的书，静静地享受美好的下午时光。

很不巧的是，风似乎感觉到牛顿的心情，欢呼得更紧了，结果树上的苹果，仿佛承受不住累累的身躯，就这么毫无征兆的，砸到了牛顿的身上，若是我们普通人，嚷两句，吃了苹果再去工作就是了，但是幸运的是这个人是爱思考的牛顿，他看着手里的苹果，一个问号在脑子里晃荡：苹果为什么熟透了才掉下来？它干吗不向上升？这是它自己选择的吗？和自己所处的这个星球有没有联系？细细想来，几乎所有的东西都会在最后回到地面，童年玩的纸飞机，抛起来的小石头，还有熟透的果子等等所有的一切最后都会回到地面上，这是为什么？难道是地球上有什么东西在吸引它们？"对！没错！就是地球的引力！地球肯定是有引力的！"牛顿兴奋地跑向自己的房间，他要用科学的方法来论证他的看法！

这一年，牛顿正是 24 岁的大好年华，在大家还在为生活琐事烦恼的时候，他已经走进科学的殿堂，发现了天地万物之间奇妙的联系，并经过十年的论证和推断，证明了万有引力的正确性。

今天牛顿对于我们而言，最伟大的是他专注和爱思考的科学精神，这是我们将永远学习的财富，也是他留给世人最珍贵的经验。

小链接

牛顿

艾萨克·牛顿爵士是历史上对人类贡献最大，最值得人们钦佩的科学家，除此之外，他还是著名的数学家、物理学家和哲学家，因 1687 年 7 月 5 日发表的《自然哲学的数学原理》用科学的方法验证了宇宙最基本的法则——万有引力定律和三大运动定律，这四条定律构成了一个统一的体系，被认为是"人类智慧史上最伟大的一个成就"，由此奠定了之后三个世纪中物理界的科学观点，并成为现代工程学的基础。晚年的牛顿醉心于神学和炼金术，结束了自己辉煌的一生。

师生互动

学生：老师，什么是万有引力啊？

老师：万有引力就是所有存在着的事物之间都是有联系的，比如说苹果下落是因为苹果对地球的引力小于地球对苹果的引力，万事万物之间都有引力，他们相互影响，形成基本的力学，就是万有引力。

中国的力学之父——钱伟长

◎老师在给同学们上历史课。

◎这节课讲的是中国的物理发展史，老师
　提到了一个很关键的人物。

◎智智举手提问，问这个人是谁。

◎老师回答智智。

科学救国的满腔热情

　　1931 年夏天的时候，各大学进行的升学考试都是自己命题，并在上海举行。这一年，19 岁的钱伟长也参加了高考。他来到上海一个月的时间里，便接连不断地参加了清华、交通、中央、武汉和浙江这五所大学的招生考试。考试过后，这五所大学的考试通知书同时寄到了他的手中。钱伟长的祖辈都是以教书为生，祖父是晚清秀才，一生都在教书。而到了父辈这一代，父亲和四叔的工作也是教书。由于钱伟长从小受到文学气息的熏陶，便出现了偏科现象，文科成绩一直名列前茅，理科却平平常常，尤其是数学和物理特别不好，这是他选择清华大学的中文系的主要原因。

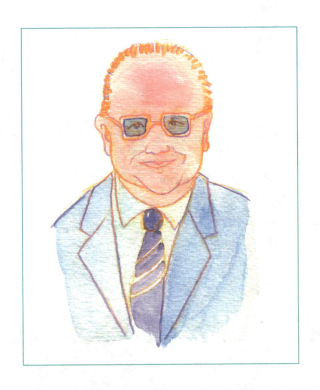

可是，事情并没有像他想的那样进行着，钱伟长入学不久便爆发了"九一八"事件。一夜之间中国东北广阔的土地被日本侵略者霸占，国土被铁蹄践踏着，人民挣扎在硝烟战火和血泪哭声当中。"科学救国"的满腔热情，便充斥在了钱伟长和大多数跟钱伟长一样的有志青年的脑子中。1931 年，清华大学入学的 106 位新生当中，竟然有 21 人要求进物理系，这其中就包括钱伟长，虽然他的数理化三科总分不到 100，而别的同学都在 200 以上，但是也没有打消他坚决转到物理系的决心。

　　钱伟长改学物理的申请便递给了叶企孙教授——理学院院长和吴有训教授——物理系系主任。吴教授对钱伟长说："你的试卷我已经调查过了，只有你一人在历史试卷中的那道关于二十四史的题得了满分，你的历史和文学考得如此之好，而你的数理化和英语成绩却很不理想。特别是物理，简直太差了，学中文对于你来说更加合适，而你为什么偏偏坚持改学物理呢？"钱伟长激动不已、非常愤恨地说："您说得对，我的文科确实很好，我特别偏爱文科，可是，就在上海考试的那段时间里，我看见了外国人仗着他们的枪炮比我们强，就在上海街道上横行霸道，这使我感觉到要想救中国，单单靠文学是不够的，更应该需要飞机大炮这些高科技的东西，尽管我的数理化成绩不大好，但是我有信心，也有决心，一定会赶上去的！"这两位教授被钱伟长的爱国热情深深地感动了。吴有训教授给了钱伟长一年的时间，在这一年里，他的数理化成绩必须在 70 分以上才能让他继续留在物理系，否则直接回到中文系，吴教授用这样的条件和钱伟长作交换。但是这些条件，还是远远不够的，由于繁重的物理系功课，没有良好的体质怎么能应付得了，吴教授还强加要求他加强体育锻炼。尽管这样，钱伟长并没有退缩，还是毫不犹豫地点头答应了。

成绩出众的求学生涯

　　当时，清华大学的老师们都是用英语进行讲课的，而且好多的理科教材也是用英语编写的。一直擅长文科知识的钱伟长不但要学习平时的正常课和实验课，还要恶补自己丢失的英语和中学的理科知识，一个学期下来，对于钱伟长来说是多么的艰辛和辛苦。他凭着艰苦奋斗的精神和科学的学习方法，夜以继日，不思疲倦的，一步步攻下英语这关键一科，与此同时，也大大地提高了理科的成绩。年终考试的时候，钱伟长没有让吴教授失望，达到了吴教授的要求。

1935 年，是钱伟长毕业的那年，那时候的钱伟长 22 岁，以优异的成绩顺利拿到了毕业证书。但是，他并没有就此结束学业，继续深造，成了清华研究院物理系的研究生，而吴有训教授一直是他的指导老师，在他的指导和帮助下，钱伟长从事了 X 光衍射研究。1939 年 7 月，钱伟长以优异的成绩在 3000 多考生中脱颖而出，获得了由中英文教基金会组织的第七届公费留学生的名额。1940 年 1 月，22 名满怀雄心壮志的有志青年，与故土和家人告别，登上了去加拿大留学的轮船。

又过了两年，钱伟长拿下了哲学博士学位。"钱伟长方程"是他的博士论文上的一组方程式，是被国际科学界命名的。冯·卡门教授不但是举世闻名的科学家，而且也是美国加州理工学院航空系主任，他对曾经在自己祝寿文集上发表过论文，并且对身为辛格教授的得意门生的钱伟长表示热烈的欢迎。钱伟长就在冯·卡门教授门下做博士，后来还担任了研究所的研究工程师，并且从事着火箭、导弹这一重任的设计研究工作。弹道计算和各种导弹的空气动力是钱伟长最精通的，同时也是他的主要工作。他做出了突出的贡献在初期的人造卫星轨道计算方面。

功勋卓著的科教成就

钱伟长在研究的同时不忘记培育下一代，就这样，一批一批的国家优秀的科学工作者都出于他的门下。钱伟长在谈论高校教学改革时另有说法，他认为教师只把学生教"懂了"是一种极其不负责任的行为，

是最普通的"填鸭式"教学方法，更应该教"不懂"，只教会学生的思考方法和培养学生的自学能力，这才是符合规律的人才培养方法。

钱伟长教授在科研中发表了大量的论著，并且取得了许多举世瞩目的成就。应用数学、力学、物理学、中文信息等都是他所擅长的。他在

国内外发表的学术论文有 200 多篇，并且出版了 20 多部学术专著，有：《圆薄板大拢度问题》《弹性力学》《变元法和有限元》《穿甲力学》《广义变分原理》《应用教学》等。他的许多开放性的成就都表现在科学理论和工程技术方面。板壳非线内禀统一理论、板壳大扰度问题的摄动解和奇异摄动解，广义变分原理、环壳解析解和汉字宏观字形编码（钱码）等都是他最主要的学术贡献。被国际学术界命名的"钱伟长方程"最早是钱伟长早期提出的"浅壳大拢度方程"。就关于圆薄板大拢度的问题工作，1955 年获得了科学奖二等奖，是由中国科学院颁发的，1982 年在广义变分原理方面获得了国家自然科学奖二等奖，除此之外，北京市、上海市科学技术进步奖都是他的多项研究成果。最近，钱伟长教授对固体力学基础理论的新贡献是关于非克希霍夫—拉夫假设板壳的工作。

 小链接

钱伟长

　　钱伟长为培养出中国科学技术人员做出了重要的贡献，他坚持着长期从事高等教育领导工作。自 1946 年以来，一直担任着清华大学教授、教务长、副校长的职务。到了 1954 年的时候开始担任中科院学部委员（是现在的院士），他开创了中国科学院力学研究所和自动化研究所。他担任波兰科学院院士是从 1956 年开始的。从 1983 年以后兼并担任着上海大学和上海工业大学的校长。上海市应用数学和力学研究所是他在 1984 年创

建的，同时担任着所长的职务。他任中华人民共和国香港特别行政区基本法起草委员会委员的时候是在 1985－1990 期间。在这期间，1988 年的时候，曾经是中国和平统一的执行会长，并且担任着中华人民共和国澳门特别行政区基本法起早委员会副会长的职务，对中国的统一大业起到了积极的作用。他不仅是名誉主席、民盟中央副主席，同时还是中国人民政治协商会议第六、七、八、九届全国委员会副主席。

师生互动

学生：老师，钱伟长教授有哪些突出的成就呢？

老师：钱伟长教授是世界著名的杰出华人科学家，教育家，社会活动家。在国际上，以钱氏命名的力学和应用数学科研成果就有"钱伟长方程"、"圆柱壳的钱伟长方程"等。2010年，钱伟长教授还当选感动中国人物，只可惜他那时候已经去世了。

测量力的工具有哪些啊

◎妈妈带着智智去买水果。
◎妈妈把挑好的水果递给店主。
◎店主把水果放在秤上称重量。
◎智智盯着店主的秤出神。

实验室里常见的测量力的工具

库仑扭秤

库仑扭秤悬丝的扭力解决了物理学家难以精确测量微小力的问题，扭秤的扭转力矩是由悬丝长度、悬丝扭转角和悬丝直径决定的，通过实验研究得出一个结论，即扭转力矩与悬丝长度成反比，与悬丝扭转角成正比，与悬丝直径的四次方成正比关系。库仑扭秤在结构上以一根金属

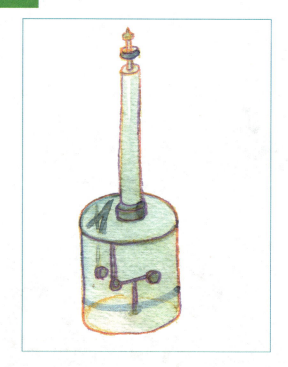

细丝作为主体，细丝上端固定，下端可以悬挂物体，当物体受到外力作用时，金属细丝会发生扭转，通过测量扭转角度就可以根据扭转定律计算出所施加的外力的大小。磅秤：磅秤的主要作用是用来测量力，在惯性参考系（认为地球是静止不动的参考系）中，磅秤能称出"正确"的结果，此时重力加速度的数值取9.8，当参考系改变时，磅秤称出的结果就有一定偏离，即使将重力加速度数值假设为9.8，但真实的重力加速度却不等于9.8。

弹簧秤

弹簧秤的工作定理是胡克定理，即弹簧的长度和弹簧所受到的合外力成正比，用公式来代表就是：$F = Kx$，公式中的 K 代表弹簧的弹力系数。

电子秤：通过装在仪器上的重量传感器，物体的重力能转换成为电流或电压的模拟讯号，再通过放大作用和滤波处理之后由 A/D 处理器，

将讯号转变成数字讯号，最终通过中央处理器处理运算，再由显示屏以数字的形式显示出来。

功能强大的测力计

钢弦式钢筋测力计：这种测力计的工作依据是一根张紧的钢弦的张力和钢弦振动的谐振频率的正比关系。这种钢弦式测力计能用来测量应变、温度、力等多种物理量。振弦传感器的输出是频率，由于频率可以通过电缆直接传送，不会因为外界温度、导线电阻等诸多条件产生信号衰减，除此之外。振弦式传感器具有长久的稳定性，因此这类测力计适用于大多数恶劣环境。

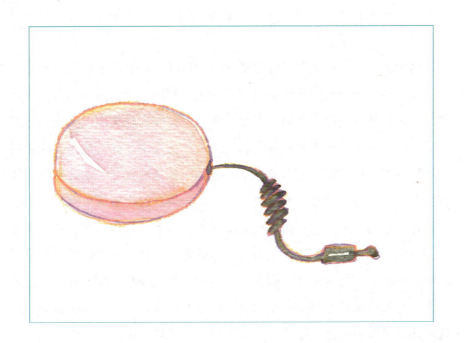

土压力盒：土体是由大量微小颗粒组成且内部存在大量孔隙的物质结构。这一结构也符合了断裂力学对材料中存在微裂隙的设想。在土体受到一定的外力作用时，土体内部颗粒的结构会沿着薄弱环节逐渐破损，使得微小裂隙逐渐变成宏观可见的裂隙，最终导致整个土体破裂。断裂力学的理论中认为物体受力破裂时可将外力分为三种受力方式：第一，张开型裂缝，即裂缝面和正应力垂直；第二，滑开型裂缝，在试样受剪切的情况下，剪应力与裂缝面平行且其作用方向和裂缝方向垂直；第三，撕开型裂缝，在剪应力和裂缝表面平行的情况下，剪应力作用于裂缝使得上下两个面因撕裂而逐渐扩展。

较为高端的测力计

孔隙水压机：其工作原理是土壤孔隙中有一定压强，水通过透水石汇集到水压机的承压腔中，且作用在承压膜片上，相应的膜片中心会因扭曲产生钢弦的应力。

锚索测力计：这类测力计的基本结构是将具有高稳定性和高灵敏度的力传感器或者应变弦式传感器安装在承压筒体上。通俗的认为技术成熟的弦式传感器比应变传感器有更好的抗干扰性和稳定性。从另一方面来看，弦式仪器的优点显而易见，但是由于弦式锚索测力计在设计和制造过程中涉及众多难以克服的技术问题，因此全球仅有个别著名弦式仪器厂家能提供正品弦式锚索测力计。锚索测力计的中控承压筒是由高强度的合金钢制成的，在其周边均匀布置着许多个弦式传感器，通过弦式传感器可以直接测出承压筒上的起作用的荷载。大量传感器的共同作用能消除偏心或不均匀的荷载的影响，同时为了确保数据准确性，制造者采用点焊等技术奖传感器直接焊接在筒体上，在筒内则设置了用于测量现场环境温度的热敏温度计，为确保较高的环境实用性，在整体结构上采用整体密封技术，保证了该种测力计能在水压高达 2MPa 的情况下正常工作。

力的三要素

力的三要素能完整的表示出一个力的全部情况，因此在用测量力的工具测量力之后只要表示出力的方向、力的大小和力的作用点的足够了。在力的示意图中，通常用一根带箭头的线段来表示力，受力物体沿着力方向画一条线段，在其末端用箭头表示力的方向，力的作用点在线段的起点或者终点。

学生：老师，在这么多测量力的工具中哪些是我们能接触到的呢？

老师：在我们的生活实验中能接触到的有弹簧测力计和天平之类。

学生：那么，在我们使用弹簧测力计之前需要注意哪些细节呢？

老师：使用前要先估计被测力的大小，避免出现被测力超过弹簧测力计的测力限度，同时检查指针是否指在零刻度处，在挂物前，要拉动弹簧挂钩几次，观察指针是否处于零刻度线。

人走路和力有什么关系

◎智智和妈妈在街上散步。

◎走着走着，智智突然摔倒了。

◎智智哭了。

◎妈妈哄着智智，两人继续往前走。

人为什么能走路?

人们总是将好奇的目光,看向别人和"大处",而忽略了对自身常见的小细节提出问题。

不信吗?在进行这一节主题的探讨前,我想问你一个问题,你有想过自己为什么能走路吗?让我想想,你现在一定仰着头,想道:"走路?谁不会啊!只要有腿有脚,身体健全,就可以走了啊!"

是这样吗？如果你站在山坡上、平滑的墙面上、广袤的冰面上，甚至是无重力的外太空中呢？想想当年在太空漫步的宇航员，每抬一次脚，都是多么的艰难，而且需要长时间的训练！

就算是在日常生活中，如果你一直紧紧贴着墙面，不把脚放在地面，你也无法在地面上行走，不是吗？

现在你想到了吗？对了！人之所以能走路，关键的原因，在于"力"。人是依靠着外力的作用，才得以正常向前、向后行走。这个力，不仅来自于自己的脚，也来自于地面。

人之所以能在地面行走，正是由于脚放在地上后，向后方地，给地面施加了一定力度，并接受地面传来的反作用力，也就是地面给脚施加的向前的力。这两种力的互相作用，就化身为一双无形的手，把人推向

了前方。这就是人之所以能在平坦地面上畅行无阻，而到了冰面上时，就必须学习一种新的行走方式，小心翼翼，放轻力量。因为冰面的摩擦力比地面小太多，如果脚部过度用力，和地面上一样行走的话，那么结局就是摔倒！

通过对力的初步学习，你应该知道这个简单的定义：当物体处于零作用力的环境中，或者只受到平衡力影响的情况下，物体就会进行匀速运动。这个物体，也包括人。

就如开头时我们所说的，人的行走是脚和地面之间，作用力与反作用力相互作用完成的动作。当人行走在平直的人行道上时，腿脚与地面形成了直角，所受到的作用力，是平衡力。而如果人在水平方向上行走呢？这时人的双脚脚底与地面之间，只会拥有短暂接触，根据力学的原理，当接触面只有一个时，所产生的摩擦力也只有一个。所以如果你是水平方向行走，能够接受的作用力，就只剩下一个了，也就无法形成平衡力。没有了平衡力的支撑，人当然无法进行匀速前行了。

人走路时从什么方向接受摩擦力的呢？

现在我们知道了，人是不能匀速前行的，那现在的问题是人是怎么进行变速运动的呢？

要解答这个问题，还是得从摩擦力上面来考虑。

人在走路的时候，会提起一只脚，另一只脚则向地面施力，在静摩擦力的作用下，可以完成向前方的加速运动。不过，如果人一直处于加速运动状态，行走速度就会超越火车等交通工具。这明显是不可能达到的。

那么，为什么人能控制行走速度，又为什么不能一直使用加速度呢？如果能够一直加速，不就用不着汽车、火车和飞机，只靠两只腿，就可以走遍全世界，多威风，多省事儿！

　　这就要探讨到人走路时，所需要的生理支持了，它涉及生物方面的问题。人是通过肌肉控制行走的，运动神经对运动肌肉下达抬腿的指令，过了一定时间之后，腿才在自己身体前面放下来。低速缓行的过程

中，人可以随便往哪边走，自己控制落脚的方向，前进后退，或者立定站稳，都是可以的。但是要是人是在快速奔跑中，例如，五米每秒的速度，那么大脑的反应，可能跟不上这么快的速度，立刻执行立定或者后退的大脑命令！

　　因此，通常状态下，人的前进是在施力脚与地面产生摩擦力，利用滑动摩擦力，和对抗摩擦力的一个过程。在人体重心的变换中，人交换着两只脚与地面的摩擦作用力，于是就有了左右腿脚的交换过程。也因此，人就可以重复抬腿、迈步、落脚、重新抬腿的一系列动作。

　　而除了超人之外，人和世间一切生物一样，需要在运动之后进行适度的休息，这是大脑皮层发出的指令，也是人必需的活动。因此，人的行走并非始终在进行着加速运动，也不会一直都在减速，加速和减速之间此消彼长，这是一个相辅相成的动作组合，而这个组合的完成，就完成了人体的前进、后退，并留足时间，让大脑和肌肉反应出接下来的动作，保持平衡，避免跌倒。

人是靠着什么力在走路呢？

　　对于这个问题，你是怎么理解的呢？在我碰到的学生中，半数以上都认为，人之所以能够走路，是因为有着与自己走路方向在同条直线上的摩擦力。所以，为人行走动作做功的，一定是摩擦力咯！

真的是这样吗？我们先从非生物的方面来看看。电视剧中常见的射击比赛中，子弹在被推出后，之所以能够飞得那么远，是由很大压力的热力推动，转换为了子弹本身的机械能。而在生物方面，包括人和动物在内，都是通过转换本身的生物能，用这种能量来维持人行动时的机械能。生物的运动是肌肉提供的支持，而肌肉本身能够提供的力量，也就是对人体做的功，本身是有一定限制的。所以，当人们想要超越自己能力本身的极限，在一天之内从中部城市赶到北京的话，我们就需要运用上飞机或者火车等交通工具了。而当人需要从冰雪中极快速度地飞驰而下时，我们的双腿所能达到的速度，显然是不够的。所以在极北地区生活着的人们，就发明了雪橇与驯鹿做特征的圣诞老人，也就有了用雪橇来滑雪的运动项目，甚至在大型运动会上，也可以飞速地从山顶滑到山底！

当人处于行进中时，就会出于本能地考量个体本身运动时所规定的时间、运动能量需要，来调节自己身体中的能力调配，以此来平衡提高速度与延长运动时间之间的关系。

小链接

静摩擦力在走路中的作用

当两个物体在彼此接触或者彼此挤压的情况下，保持相对静止状态。而如果两者开始进行相对运动时，彼此相接触的那一面如果不是光滑的话，就会产生阻碍运动速度的力，这便是"静摩擦力"。静摩擦力在我们走路的时候，可以对人体的向后施力，向前方地提供反作用力，让人能够完成行走的动作。

学生：静摩擦力除了运用在我们走路上面，还能为生活提供哪些帮助？

老师：静摩擦力在生活中适用范围很广，只要是两个不是绝对光滑的物体，彼此有一面相接触，就会在从静止转运动时，产生静摩擦力。例如，我们的手，抓住茶杯时，茶杯就不会落下，这就是静摩擦力产生的作用了。

原来力的作用是相互的

◎智智在和小朋友玩轮滑。

◎智智不小心撞到了墙上。

◎智智自己往后退了一些。

◎智智去问老师为什么会有这么奇怪的
现象。

力的作用是相互的

1918 年，在海南省南天村，有一名叫南天虎的恶霸。南天虎仗着家财万贯，在乡间无恶不作，村里的居民人人谈虎色变。有一天，南天虎十岁的儿子和几个同村的小伙伴到村外玩耍，在村口不小心踢到一个大石头，小孩子摔得头破血流，他抱着自己流血的头哭喊着"爸爸！爸爸⋯⋯"，在家门口南天虎看见流血的儿子，怒气上涌，指着儿子问道："谁打你的？"小孩子拉起父亲的手就往村外走，走到摔跤的地方对南天虎说："就是它。"南天虎二话不说，对着石头就是狠狠的一脚，"哎呀，我的脚断了！"村民们见到恶有恶报的南天虎，暗地里人人称快。你从这个故事里看出了什么呢？

先来看看生活中的几个小现象：

1. 用手指挤压铅笔尖，作为施力物体的手会感觉到疼痛，这说明作为受力物体的铅笔同样给手指施加了力的作用。

2. 穿着旱冰鞋静止在冰面上的两个人，当其中一个人用力去推动另一个人的时候，结果却是两个人往相反的方向滑行，这说明被推的人也向推人的人施加了力。

3. 将带有异种电荷的两个小球悬挂在空中，然后控制两者逐渐靠拢，你可以发现两个小球相互吸引，在人为作用外相互靠拢，这说明两

个小球在受力时也向对方施力。

4．将载有吸铁石的小车和载有铁块的小车相互靠近，可以发现两辆小车之间有吸引力，使得两者相互靠拢，这说明铁块在受吸铁石作用力的同时也给吸铁石施加了力的作用。

从上述四个现象中，你们有没有发现什么共同问题？

总结以上现象，我们可以得出当一个物体受到另一个物体的作用力的同时，另一个物体也会受到这个物体的作用力，简单说来，就是力的作用是相互的。

施力物体是否同时受力？

物体在向其他物体施加力的作用的同时是否也受到作用力呢？

实物体验：1．用手指压铅笔尖，有什么感觉？2．用右手打左手，有什么感觉？3．提起自己坐的凳子，有什么感觉？4．用手指压直尺，有什么感觉？

体验完之后总结下在这过程中一种出现了多少种我们学习过的力，这些力都具有相应的反作用力。

接下来探讨下弹力是否有相互作用力，由于压力和拉力都属于弹力，这里我们用压力来做例子。

当你吹起一只气球，然后用手挤压气球，可以看到气球的外形发生改变，这说明气球受到手的作用力，那么在这个时候手是否也受到气球对他的作用力了呢？那么，用怎么样的方式来还原手的受力情况呢？由于气球只有一个，这里就不让大家来做体验了。同样吹起气球，然后拿直尺来替代手掌，我们可以看到在直尺挤压气球后，气球发生了形变，直尺也有一定程度的弯曲，因此我们可以做以下总结：

手对气球作用了压力——同时——气球对手作用了压力

再者，我们来研究下我们一直受到的重力，让我们一起来探讨下重

力是否有反作用力呢？

在一辆小车上捆绑上一个铁盒子，用手拿磁铁吸引它；在同一辆小车上捆绑上磁铁，手拿铁盒子。通过这个对比实验，我们可以看到什么现象呢？

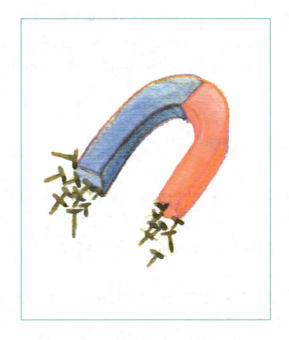

实验中我们可以发现不论哪种情况，磁铁和铁盒子都会相互吸引，因此做如下总结：

铁块对磁铁产生吸引力——同时——磁铁对铁块产生吸引力

用吸引力来类比重力，我们可以认为当地球对人产生吸引力的同时人也在吸引着地球。由此可见，每一个人都在吸引着地球，这是多么巨大的能量。

摩擦力是否也有反作用力？

将一辆不打开开关的电动玩具车放在长木板上，用手轻轻一推，我们可以看到小车在木板上前进了，这说明小车克服了木板摩擦力。

同样的玩具车，我们打开开关放在长木板上，可以看到小车同样在前进，这说明小车本身的动力效果和我们手推的效果相同，前者是我们给以小车力，后者是木板给以小车前后轮的摩擦力大小和方向有所不同，但合外力方向与速度方向相同，因此小车在两种情况下都发生状态改变。

那么在实验中小车是否给予木板作用力了呢？接下来我们做一个小实验。

在木板底下垫上几个圆柱形的光滑木头，将小车开关打开放在木板上，小车向前移动，但木板却沿着相反的方向移动，这个实验说明：

木板对小车有摩擦力——同时——小车对木板有摩擦力

通过这一系列探讨我们归纳出：

当一个物体给予另一个物体作用时，另一个物体在同一时间也给予这个物体作用力，即力的作用是相互的。简单点说：一个物体在施力同时也在受力，另一个物体在受力同时必然在施力。

科学 原来如此

小链接

弹性形变的分类

弹力形变的分类。任何物体在受到外力的作用时都会发生一定程度的形变，同时给予相应的反作用力，一般来说我们将弹力的形变分为两类，分别是弹性形变和塑形形变，前者是指当外力停止作用后，物体能够恢复到原来的形态，后者是指在外力停止作用后，物体不能恢复到原来的形态，因此在使用弹簧类的器材时要注意弹性限度，超过限度的用力程度将使器材发生塑形形变。

师生互动

学生：老师，你说的弹力在我们生活中都有哪些？

老师：常见的有拉力，压力和支持力。

学生：弹力有相应的反作用力，那么老师，弹力极其反作用力的方向该怎么判断呢？

老师：力的作用是相互的，那么判断一组弹力的方向只要明确其中一个力的方向就能看出另一个力的方向，具体点说，绳子拉力的方向沿着绳且指向绳子收缩侧；压力方向垂直于支持面指向被挤压的物体；支持力的方向则是垂直于支持面指向被支持的物体。

流体力学的奥秘

◎智智和妈妈去坐地铁。

◎地铁快要进站了。

◎妈妈让智智往后退。

◎妈妈和智智退到了黄色安全线后面。

流体力学的诞生和发展

　　古希腊的科学家阿基米德成功的总结出物理浮力定律，并发表了浮体稳定在内的液体平衡理论，这奠定了现代流体静力学的基础。阿基米德之后的千年时间流体力学的发展一直处于停顿状态，直到 15 世纪，意大利达·芬奇的著作中再一次提到水力机械、水波原理。两百年之后的 17 世纪，帕斯卡向全世界诠释了静止流体中的压力概念问题，但由

于流体力学的特殊性，直到近现代的能量、动量、质量守恒定律的出现之后才逐步走向完善。

17世纪，牛顿在研究物体在流体中所受到的阻力的实验中得到了物体在流体中所受阻力大小与物体横截面积、流体密度和物体运动速度的平方成正比，并且提出了牛顿黏性定律用以概况黏性流体运动时内部摩擦力。然而，作为力学奠基人的牛顿并没有建立起完善的流体动力学的理论模型，他所做的诸多模型与现实流体力学情况还存在巨大差别。

在牛顿之后，法国科学家皮托成功发明了用以测量流体流速的皮托管；达朗贝尔通过对运行在运河中的船只做了相关的实验后证实了阻力和物体运动速度平方之间的关系；欧拉方程的出现则更进一步用微积分描述了无黏流体的运动；能量守恒定律的出现使得流体力学的发展更进一步完善，伯努利为研究供水管道中水体的流动做了大量相关实验，最终得出了伯努利方程，描述流体在运动时流体的流速、压力和管道高程之间的数量关系。

发展的新阶段

从欧拉方程到伯努利方程的建立，标示着流体动力学正式成为一个分支学科，也使之步入了需要实验测量和微分方程来为流体运动定量研究的新阶段。位势流理论的快速发展时期在18世纪，从18世纪起，在声学、潮汐、涡旋运动等方面的诸多规律都能用位势流理论做出解释，其中较为出名的有法国的科学家拉格朗日对无旋运动的解释和德国科学家赫姆霍兹对涡旋运动的解释。由于上诉的研究中科学家们考虑的是无黏性流体，因此无法用这种理论来阐释流体中黏性的具体效应。

20世纪是人类科技腾飞的时代，飞机的出现促进了空气动力学的蓬勃发展，随着航天航空事业的发展，人们渴望通过研究揭示飞行器在空中的受力情况和压力分布情况，这一阵研究潮的爆发也促进了流体力

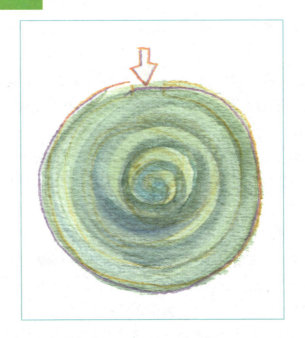

学在理论分析方面和实验实践方面的发展。以儒科夫斯基、普朗特、恰普雷金等为代表的科学家们成功的开创了以无黏且不可压缩流体位势流理论为基础的飞行器机翼理论。机翼理论的面世和其在实践中的成功运用让人们认识到无黏流体的重要性，重新为无黏流体理论定位。

研究范围

气体和液体这类具有流动性的物质统称为流体。在人们的生产和生活中人们能轻易接触到各种流体，因而流体力学的发展将为人类的日常生活生产做出巨大贡献。众所周知，大气和水是地球上常见的两种流体，因而熔浆运动、海水运动（环流、潮汐等）和大气运动是流体力学的主要研究内容。

20世纪50年代的航天飞行将人类的眼界拓宽到了太阳系的其他星球乃至银河系。随着航空事业的发展，作为流体力学分支学科之一的气

体动力学和空气动力学也逐渐被人们重视，参与研究的科学家也越来越多，这使得这些学科成为了流体力学中最富有成果的分支学科。

　　人类每天都在消耗着大自然的资源，开采天然气和石油，开发地下水，这一切行为都要求人们对缝隙介质中的流体运动有所了解，这也促成了流体力学分支之一的渗流力学的快速发展，渗流力学不仅能帮助人们开发利用资源，还能帮助人们防治土壤盐碱化，在化工化学方面能有效的优化物质的浓缩、分离和过滤等操作流程。

流体力学发展史

　　起始于阿基米德时代，直到21世纪流体力学仍在不断的发展完善中，20世纪的跨越式发展使得流体力学已经成为基础科学体系中的一员，并广泛应用于农业、工业、天文学、生物学、医学等多个方面。在日后的研究中，人们一方面会根据工程技术的需求继续对流体力学的应用性作研究；另一方面将深入开展以探求流体运动规律和运动机理为主的基础研究活动。后者的研究内容主要是：通过对湍流的实验了解并建立相应计算模型；结构物和流行之间的相互关系；多相流动；环境流体流动。

师生互动

学生：老师，你说气体和液体统称为流体，那潜水艇这类潜体在水下的运动是否归属于流体力学呢？

老师：在生活中我们最常见的流体就是空气和水，因此衍生出浮体和潜体两个概念，既然潜水艇属于潜体，那么它的运动自然归类在流体力学的研究范围之内。

学生：那么，潜体的平衡条件是什么呢？

老师：通过对力和运动的关系的学习，你应该知道物体平衡的条件是受力平衡，对于潜体来说，它的平衡稳定条件是重力和浮力大小相等，但是重心在浮力之下，这点需要注意。

力与运动有什么关系

◎智智家客厅的天花板上挂着一盏灯。

◎没有风的时候，灯一动不动。

◎起风了，灯左右摇摆。

◎风停了，灯又不动了。

呼呼~

研究力和运动的小实验

对于静止在地面上的足球来说，如果没有人去动它，它就会待在那里不动。但是如果有人踢它一脚，它就会运动。那么，这是不是能给我们什么启示呢？

首先让我们一起来看下这一个实验：将一辆小车放在斜坡上的指定高度下让其下滑，小车在运动到水平路面后逐渐减慢速度，在直线滑行一段距离后静止。实验中，小车为什么会在水平路面上滑行一段距离后停下来呢？其实小车在运动过程中受到了路面的阻力作用，那么假设路面阻力有一定程度的减小，那么小车又会有怎么样的运动状态呢？接下来，我们来做一个对照实验：将同一辆小车放置在同一个斜面的同等高度，让其自然下滑。第一次让小车在棉布水平面上滑行，第二次让小车在木板水平面上滑行，第三次让小车在玻璃水平面上滑行。分别记录三次实验中小车在水平面上的滑行距离。通过数据对比，我们发现同样的情况下小车在玻璃水平面上的滑行距离最远。

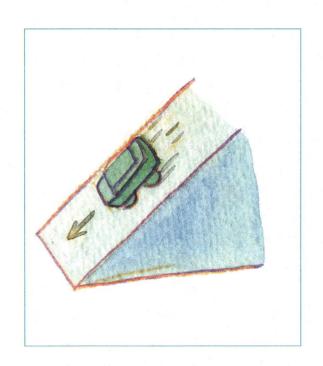

那么，相同的条件下为什么小车的滑行距离会有所不同呢？通过对三种材质的水平面的分析，我们发现木板水平面的表面比棉布表面要光滑，所以木板表面给予小车的阻力要小于棉布表面给以小车的阻力，最后小车能在木板表面滑行的更远。同样的道理，小车在玻璃水平面上滑

行的距离比在木板水平面上滑行的距离要远。为了实验的严谨性，我们更换光滑程度越来越高的水平面，然后重复上述实验，通过结果我们可以发现小车的滑行距离也越来越远。因此，我们可以做出这样一个假设，如果水平面的材料绝对光滑，在不计空气阻力的情况下，小车将一直做匀速直线运动，这就是著名物理学家牛顿在总结伽利略等前人研究结果的基础上，通过大量的实验得出的牛顿第一定律。

力和运动的关系

牛顿第一定律又称为惯性定律，即"保持静止或匀速直线运动的物体在不受外力的作用下，将保持状态不变"。简单说来，力是改变物体运动状态的原因，但物体的运动状态不需要力来维持。

那么，运动和力到底有什么关系呢？概括起来说：第一种，平衡状态，即物体所受合外力为零，物体保持匀速直线运动或者静止状态。第二种，物体所受合外力不等于零，物体做运动速度的方向或者大小改变的变速运动，反之，当物体做变速运动时，物体所受合外力一定不为零。

当物体受合外力为零或者不受外力时，物体保持静止或者匀速直线运动状态，既然这样，当一个物体处于静止状态时，它又是怎样运动起来的呢？其实换个角度就能解决这个问题，当一个物体处于静止状态，如果没有外力作用，物体就会一直保持静止，只有当一个或几个力给予物体作用时，物体就会从静止转变成运动，在我们所探讨的问题中，当物体运动后不再受外力作用，该物体就会一直保持匀速直线运动状态。

举例来说，火箭在喷射火焰的过程中会受到反作用力的作用，因而速度开始不断变大，这就是物体受力从静止到运动的过程。当达到预定高度，火箭的速度达到 7.9 千米/秒后，火箭就不会再继续喷射火焰，它的速度大小将不会改变，同时火箭受到垂直于运动方向的地球引力的作用，这使得火箭的运动方向不再改变，合起来看，火箭便处于匀速圆周运动状态。

合外力不为零时物体的运动

当运动的物体受到的合外力不为零时，物体的运动状态又是如何变化的呢？具体情况具体分析，接下来我们就来讨论一下：1. 当物体受到的合外力方向与运动方向垂直时，例如，太空中的人造卫星和航天飞船，这些物体会保持原本的速度做匀速圆周运动。2. 当物体所受合外力方向与物体运动方向相同时，例如踩下油门的汽车，这类物体会逐渐加速，相反，踩下刹车的汽车，这类物体所受合外力方向与运动方向相反，因此会做减速运动。这时，相信会有部分同学质疑，为什么汽车所受合外力方向向后，汽车却向前行驶呢？在这个问题上我们需要考虑到惯性，行驶中的汽车有保持原本运动状态的惯性，当其受力后将会逐渐

的改变运动状态，最终恢复静止状态。总结的说：力是改变物体运动状态的原因，但不是使物体运动的根本。

一个静止不动的球，不去踢动它，它就会保持不动，这难道不是因为力的作用使球运动了吗？小朋友们这样的理解是可取的，但这里我们需要注意到两点：1. 人踢球，踢球的力使球滚动起来；2. 力的作用改变了球的状态。我们可以发现一个迎面飞来的球在我们观察的这段距离和时间中，球原本处于运动状态，但我们不能简单地认为球受力后才运动，飞着的球在受到阻力的作用后会逐渐慢下来，最后停止，这说明力是改变物体运动状态的原因。小朋友们会对力和运动的关系产生这么多的疑惑是因为小朋友们没有明白的认识相对静止。在宇宙中，大多数物体都处在运动状态，但生活中我们要明确运动和静止都是相对的，我们的实验原理和结论都必须考虑到身处的这一片时空，因此对在力和运动的关系的问题上，力是改变物体运动状态的原因是唯一的正解。

小链接

平衡力与相互作用力的区别

平衡力是一种"同体、等大、反向、共线"的力，它是作用在同一物体上的一对大小相等、方向相反、且在同一直线上的力。相互作用力是作用在两个物体上的一对大小相等、方向相反、且在同一直线上的力。两者的区别在于：1. 作用点不同，前者作用在同一物体上，后者作用在相互作用的两个物体上；2. 力的性质不同，前者的两个力可以是不同性质的力，后者的一对力必须是相同性质。

师生互动

学生：老师，当我去超市上电梯的时候，我受到的摩擦力方向是否向左呢？

老师：首先你要明确你当时的状态是随着扶梯斜向上匀速运动，从你走上扶梯的一瞬间你可能认为自己受到重力、支持力、摩擦力的合作用力，其实当你匀速运动时你的加速度为零，也就是说你受到的合外力为零，因此你受到的摩擦力为零，那又何来方向向左呢？

学生：那以后碰到这类问题我该从哪点入手呢？

老师：首先你不能有先入为主的想法，在思考类似问题时要先明确力和运动的关系，然后从力的合成分解入手去分析物体的运动。

荡秋千和力的关系

◎公园里有一架秋千。

◎智智坐在秋千上。

◎妈妈从后面推了智智，秋千荡起来了。

◎秋千慢慢停下来了。

运动系统

不知你有没有玩过秋千？这种游戏据说早在中国战国时期，就传入了中国。虽然花样不多，却由于设施简单，运动量比较有限，从古至今，都深受国人的喜爱，更是发挥了人们对于飘扬随风的想象力和向往，尤其变成了闺阁仕女们实现"飞天"愿望的工具。到了现代，更是小朋友们常见，又很喜欢的游戏。那么，你有没有想过，为什么秋千可以忽上忽下，而且速度越来越快，还越荡越高呢？

其实，这跟老式钟的钟摆，之所以可以摆动，是一个道理。

事物的接触，都会产生重力，人与秋千的接触，也同样如此，秋千本身所承受的两种外力，也包括了"重力"，这种重力的方向，是与地面呈垂直的。把秋千和荡秋千的运动，看作是一种力学系统的话，那么我们可以想象，施加给秋千的力，除了重力，还有秋千板上方，固定住秋千绳的那个面的力，它与秋千本身运动方向形成垂直面，也就是约束力，在秋千的运动中，它并不做功。

秋千之所以能够荡起来，原因就是有外力在对着秋千绳和秋千板形成的力学系统做功。而这个力不断地重复并增加时，就加速了秋千的摆动，秋千就会不断上下摆动。当人站在秋千上时，重心要高于蹲着的时候，人体的"方向"，跟秋千绳是同一个方向的。换句话来讲，就是当你站在秋千上，对它施力时，秋千就会往上扬起，这时候，它的重心就比较高了，所施加的重力，跟产生约束力的那两点之间的力矩就比秋千

往下落时的更小。秋千扬起和落下时，力矩对秋千所做的总功就是正比，你不断为秋千施加着新的能量时，秋千的高度也就上升了。这也是为什么当人们想玩坐板式秋千时，就要先让脚站在地面上，用力蹬起后再坐上去的原因。

秋千的结构很简单，看上去原理也十分简单。可就是这么简单的事物，善于观察和总结发明的科学家们、发明家们，就利用这类原理，发明了擒纵器。而且，在西方学者的考证之下，人们得知在唐朝时，中国就有位名为一行的僧人，发明了擒纵器，比西方的发明家们，还要早了六百年以上。擒纵器的发明，让世界上有了钟这种时间工具，而且，当人们把目光放到更广阔的空间时，更发现原来世上很多东西，都有类似于秋千原理的特性。

被风吹断的桥

1940 年，美国曾有一座海湾吊桥，正好跨过塔科姆海湾，所以名为塔科姆大桥，总长度有 853.4 米之多，是当时非常了不起的一座吊桥。可是，就在建成的同一年，当地刮起了一阵风，风力其实并不是很大，仅仅够得上将细枝吹断，却出人意料地，让这座大桥给折断了。这是为什么？人们在调查中发现，原来在风的作用下，大桥形成了类似"荡秋千"一样的"运动"，而且运动的振幅几乎达到了 9 米！我们知道，当秋千的幅度大于一定程度时，制约住秋千的那两点就会发出晃动与响声，有时候秋千架还会有轻微地震颤感觉。所以，约九米的振幅，超越了吊桥的承受力，桥梁因此坍塌了。有了这次的经验，后来的人们在建造桥梁等类似建筑时，为了不重蹈覆辙，会精心找出法子，让它们可以避免被风吹"折腰"。

你看，类似的运动和受力方式，带给人的有时候是喜悦和快乐，有时候却是一种灾难。不过，力学就像一把双刃剑，如果你不合理运用，或者掌握不了运用的最佳方法，可能造成严重的后果。但若是人们使用恰当，细心发现它的特性，那么它就能为人类带来不少福利。

"摆秋千" 的应用

就像我们会用手对物品施力，让它不会坠落到地上，就像人们运用力学，运用机械能，发明了自行车来代步，延长自己行进的路程，也缩短行程的时间一样。而类似于秋千运动的力学系统，可以让物体反复摆来摆去。根据这一点，惠更斯发明了摆钟。

而在他之后，有人发现小型物体所做的"打秋千"运动，频率更大于之前的擒纵器，所以，利用石英与一种极为精细的电子线路，取代了大型的摆与摆轮，从而设计出了小巧而又更加精准的石英钟表，即使到了今天，好的石英钟表，依旧是价值不菲，且广受欢迎的物品呢。

在这之后，大约是上个世纪中叶的时候吧？人类又将"秋千原理"

运用到更精准，也对时间更高要求的天文、导航等用途上的原子钟。原子钟利用的是特定的原子，可以对光与电磁辐射产生反应，是最精确的时间工具了，即使过了一亿年的时间，它也只会误差不到一秒钟。

除了钟表之外，类似"秋千"的原理还被运用到音乐界。不管是中国的二胡，还是西方的小提琴，所采用的"共鸣箱"，就是采用过这种原理，来让声音变得更大一些。

 小链接

秋千摆动时间是由什么决定的？

我们可以将秋千看作是个小球，由细绳索悬挂在横杆上摆动。

科学 原来如此

固定的绳子越长，摆动一来回的时间也就越长。所以，秋千的摆动时间，根据单摆周期公式 $T = 2\pi\sqrt{(L/g)}$ 来计算，秋千的绳索越长，来回摆动所耗费的时间也就越长了。

师生互动

学生：请问，在生活中，"荡秋千"的原理，还有哪些地方运用到了呢？

老师：这是一种常见的力学现象和原理，与我们距离最近的，其实就在我们自己身上。你能想到是什么没？对了，就是我们的耳朵！我们之所以可以听得到音乐、听得到泉水叮咚与乐声，全是因为耳朵里有种名为鼓膜的东西。当声音进入耳朵里，鼓膜被它轻轻推动，就会如同荡秋千一样，带动着周围的听神经一起震颤，让人能清晰地听到声音。连人体本身都隐藏着这样的物理原理，可见得物理知识，其实就在我们身边了！

力的分解与合成

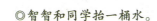

◎智智和同学抬一桶水。

◎两个人隔得很远，感到很累。

◎两个人挨得近了一些，感觉好像省力一些了。

◎两个人挨得远了一些，感觉好像更累了。

力的合成与分解

　　在小学语文课本上有一篇课文，说的是有三只小动物在拉一个小车，但是它们都想朝自己家里拉，所以小车一步也走不动。看到这个故事，你们有没有想过，明明大家都累得大汗淋漓，但是小车为什么就是不动呢？

　　在这个故事里，小车之所以不动，是因为涉及力的合成。要想知道什么是力的合成，先要知道矢量和标量。在我们走路的时候，自己就知道该向东走还是向西走，是有方向的。而在我们看时间的时候，就看到秒针不停地走，却看不出有什么方向。这就涉及物理里面有一个重要的概念——矢量概念，而它也是物理中比较难的概念之一。有一种比较浅

薄的说法，就是单纯把有方向、有大小的量叫矢量，其实这不是矢量真正的定义。标量和矢量有着根本的区别，就是它们的运算法则不同。标量的合成用的是代数加法，比如 $3+4=7$，而矢量的合成用的是平行四边形定则，也就是说，$3+4$ 可能会等于 5。想要正确理解矢量概念就要较好地掌握平行四边形定则，而平行四边形定则也是研究各种力的基础。

要知道，一个力的作用效果与多个力共同作用的效果是可以相同的，所以，一个力的作用效果可以与相同的多个力之间相互代替，进而有了合成和分解、合力和分力的概念。通常学习力作用于物体会产生两个效果，就可以引申出产生加速度的效果与形变效果。

"力的合成"的重点就是"力的平行四边形定则",即在同一直线上两个分力的合力的计算方法,这个计算方法十分重要。

力的合成

如何准确掌握平行四边形定则呢?要做出一个正确的平行四边形,当中还要注意分力、合力要有相同的作用点,而且两者的比例要恰当,分清虚线与实线。可以用作图法求平行四边形定则的合力,也可以采用

解直角三角形的方法去计算。比如作图法简单、直观,但精确度不够;而比较麻烦的计算法则有较高的精确度。还有一点要注意,就是要让学生感受到用计算法也要作平行四边形,只是这个平行四边形不必取标度、没有严格要求各边的长度。所以,准确地做出平行四边形是求分力、合力的是基础。只要求利用直角三角形,从两个分力的夹角在90°

的地方开始，慢慢扩到合力跟两个分力中的一个分力的垂直处。

力的分解

　　力的合成的逆运算就是力的分解，力的分解规律即是力的合成规律，这就是平行四边形定则。已知的两个分力只能合成一个平行四边形，也只会得出一个合力。若已知一个力要算出它的分力则可组合出无

数个平行四边形，有无数多个解。分解力时有两种常见的情况：①已知一个分力的大小和方向；②已知两个分力的方向。比如分解斜面上放置的物体所受到的重力，一般有两个分力：平行于斜面与垂直于斜面两个。而这种分解方法是因为该物体在重力作用下一方面沿斜面下滑，一方面压斜面。如果要观察物体压住斜面的作用力，可选取木板或薄钢板做斜面，当物体沿斜面下滑时就可以清楚地观察到斜面受力弯曲变形。

小链接

平行四边形定则

两个力合成时，以表示这两个力的线段为邻边作平行四边形，这两个邻边之间的对角线就代表合力的大小和方向，这就叫做平行四边形定则。

师生互动

学生：老师，同样的两个力，合成出来的大小会有所不同吗？

老师：当然，合成力的大小和它们之间的角度是有很大关系的。如果你和另一个同学站在一条直线上，往同一个方向拉箱子，这时候的合力就是你们两个的力之和。但是如果你们还是站在同一条直线上，你往左，他往右，那这时候的合力，就是你们两个的力之差。谁的力大，箱子就朝向谁那边。

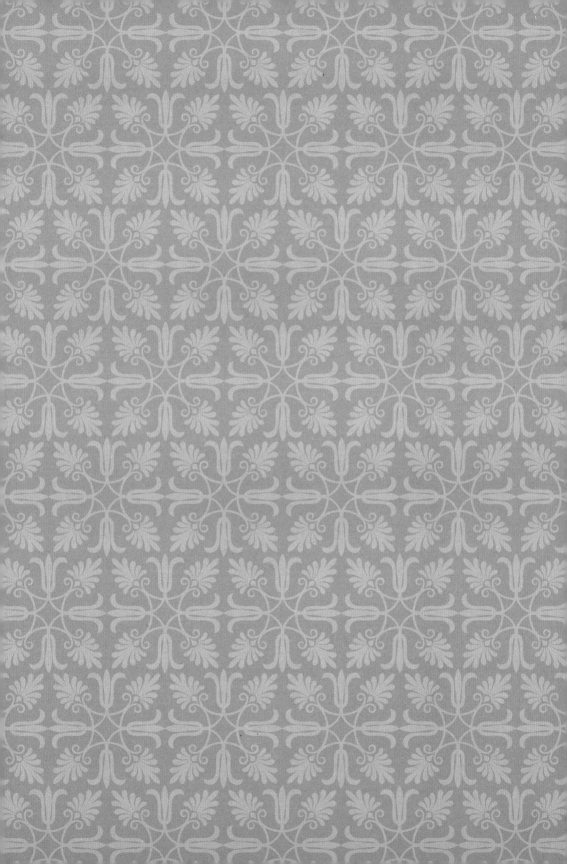